心灵与认知文库·**原典系列**

丛书主编　高新民

物理世界中的心灵

论心身问题与心理因果性

〔美〕金在权 著

刘明海 译　邢起龙 校

商务印书馆

创于1897 The Commercial Press

2020年·北京

Jaegwon Kim

MIND IN A PHYSICAL WORLD:

An Essay On The Mind-Body Problem And Mental

Causation

A Bradford Book

The MIT Press，Cambridge， Massachusetts，1998

根据The MIT Press 1998年版译出

《心灵与认知文库·原典系列》总序

心灵现象是人类共有的精神现象，也是东西方哲学一个长盛不衰的讨论主题。自20世纪70年代以来，在多种因素的共同推动下，英美哲学界发生了一场心灵转向，心灵哲学几近成为西方哲学特别是英美哲学中的“第一哲学”。这一转向不仅推进和深化了对心灵哲学传统问题的研究，而且也极大地拓展了心灵哲学的研究领域，挖掘出一些此前未曾触及的新问题。

反观东方哲学特别是中国哲学，一方面，与西方心灵哲学的求真传统不同，中国传统哲学在体贴心灵之体的同时，重在探寻心灵对于“修身、齐家、治国、平天下”的无穷妙用，并一度形成了以“性”“理”为研究对象，以提高生存质量和人生境界为价值追求，以超凡成圣为最高目标，融心学、圣学、道德学于一体的价值性心灵哲学。这种中国气派的心灵哲学曾在世界哲学之林中独树一帜、光彩夺目，但近代以来却与中国科学技术一样命运多舛，中国哲学在心灵哲学研究中的传统优势与领先地位逐渐丧失，并与西方的差距越拉越大。另一方面，近年来国内对心灵哲学的译介和研究持续升温，其进步也颇值得称道。不过，中国当代的心灵哲学研究毕竟处于起步阶段，大量工作有待于我们当代学人去完成。

冯友兰先生曾说，学术创新要分两步走：先“照着讲”，后“接着讲”。“照着讲”是“接着讲”的前提和基础，是获取新的灵感和洞见的源泉。有鉴于此，我们联合国内外心灵哲学研究专家，编辑出版《心灵与认知文库·原典系列》丛书，翻译国外心灵哲学经典原著，为有志于投身心灵哲学研究的学人提供原典文献，为国内心灵哲学的传播、研究和发展贡献绵薄之力。丛书意在与西方心灵哲学大家的思想碰撞、对话和交流中，把“照着讲”的功夫做足做好，为今后“接着讲”、构建全球视野下的广义心灵哲学做好铺垫和积累，为最终恢复中国原有的心灵哲学话语权打下坚实基础。

学问千古事，得失寸心知。愿这套丛书能够经受住时间的检验！

高新民　刘占峰

2013年1月29日

中文版前言

本书已经被翻译成多种语言，诸如韩语、日语、法语、意大利语和波兰语等。但我特别高兴本书能译成汉语。中国是世界上人口最多的国家，拙著现在到达了汉语社区，这是值得欣慰的。而且，中国有着自己辉煌的哲学历史传统，绵延数千年。与西方哲学史相比，它有着我们所有东亚人都引以为豪的文化遗产。

自本书于1998年出版，距离现在已经有15年了。在此期间，我仍在继续思考和写作本书所讨论的问题，我的观点自然已经有所变化和发展。然而，我可以说，就大多主要的观点来看，我的观点没有变化，尽管不是完全相同，我仍坚持那时所提出的一种限定的物理主义[1]（“近乎完美的物理主义”[2]）。

当然，本书沿袭西方哲学传统，更具体说是分析哲学。我希望你不要把它当作国外或异域文化来看待。正如你将看到的，

1 作者称为“qualified physicalism”。——译者

2 作者称为“near-enough physicalism”。——译者

本书主要研究心身问题，即阐释我们的心灵如何与我们肉体的东西相联，特别是，当我们在完成意向活动时，心灵如何能够引起物理过程的变化。假如我对心身关系的解释，或者这方面的其他解释是正确的，那么它将不但适用于美国人或欧洲人，也同样适用于所有人（以及其他有意识动物），包括你、我和其他人。中国哲学传统的伟大之处不在于它对中国人或亚洲人来说是真理。确切地说，它是因为伟大的中国思想家触及到了所有人类及其他们经验中的某些深刻而重要的东西。

总之，不存在像中国哲学，或德国哲学，或美国哲学这样的东西。只有在中国或中国人提出的哲学，抑或在德国或德国人提出的哲学，等等。这同样适用于其他理智–科学领域。我们应当承认，没有中国哲学或美国哲学，就像没有中国物理学或美国物理学。只有一个物理学，所有的物理学家，不管他们国籍或文化背景如何，都只做同一个物理学，追求的是相同目标，即发现物理世界的真理。这应当同样适用于哲学。文化和历史的差异不应当把哲学家分割成局部、狭小的阵营，从而无法彼此沟通和讨论。

那么，我希望在不久的将来，我们作为哲学家以一种知性对话的方式统一起来，共同探讨人类生存的本质和存在的神秘性。

最后，我要感谢刘明海教授在翻译我的著作方面所付出的辛勤工作。

金在权

美国·罗得岛州·普罗维登斯

2013年1月8日

目录

前　　言

本书是由我于1986年3月在加州大学伯克利分校汤森讲座（Townsend Lectures）上的四次演讲组成。自那以后，原文虽经大幅修正，但主要的观点和论证并没有大的变化。我要感谢伯克利哲学系的邀请以及此间的盛情款待。许多听众尤其是大卫·查默斯（David Chalmers）、马丁·琼斯（Martin Jones）和大卫·索萨（David Soso）等人的评论与置疑使我受益匪浅。 vii

在这些演讲中，我试图表达本人对心灵形而上学一系列问题的最新看法——尤其是心身问题、心理因果性和还原论。鉴于当初原文有意用口语的方式写就，我决定在这个最终版本中保留它们某些通俗和轻松的表达风格。

这些讲稿取材于我近年来发表的论文：《心理因果是什么？它的什么困扰了我？》（1995）、《近40年心身问题研究述评》（1997）、《什么是心理因果性问题》（1997）和《心理因果性问题具有普遍性吗》（1997）。

能够思考这里所讨论的问题，我不胜感激那些和我共同

关心心灵哲学的朋友和同事。这可以从我的正文及注释中明显
地表现出来。同时，我从布朗大学的学生那充满活力的讨论
viii 与诘问中受益良多。我的助手毛拉·盖塞尔（Maura Geisser）
以其敬业和高效的工作在文稿的誊写、校对和其他琐碎而又必
要的事务方面给予了我极大帮助。最后，我也要感谢布朗大学
多年来对我工作的支持，感谢系里的同事和学生给我提供了一
个和睦而又向上的氛围。

罗得岛州　普罗维登斯

1997年4月

第一章　心身问题研究现状 1

目前对心身问题的讨论可追溯至20世纪50年代后期和60年代初期。确切地说，我们现在所知的心身问题，可以说是起源于发表仅相隔一年的两篇经典论文：一篇是1958年费格尔（Herbert Feigl）的《“心理的”与“物理的”》，一篇是1959年斯马特（J.J.C.Smart）的《感觉与大脑过程》。[1]在这两篇论文中，费格尔和斯马特分别独自提出了一个探究心灵本质的方案，后被称为心身同一论、中心状态唯物主义、大脑状态理论或者类型物理主义。尽管普赖斯（U. T. Place）1956年发表的《意识是一种大脑过程吗》[2]论文早于费格尔和斯马特的论文，但是只有费格尔和斯马特

1　赫伯特·费格尔（Herbert Feigl）:《“心理的”与“物理的”》，载赫伯特·费格尔、格鲁弗·麦克斯韦（Grover Maxwell）和迈克尔·斯克里夫（Michael Scriven）主编的《明尼苏达科学哲学研究》（*Minnesota Studies in the Philosophy of Science*）第2卷，明尼阿波利斯：明尼苏达大学出版社，1958；斯马特（J. J. C. Smart）《感觉与大脑过程》，载《哲学评论》（*Philosophical Review*）总68期，1959年，第141—156页。

2　普赖斯（U. T. Place）:《意识是一个大脑过程吗》，载《英国心理学杂志》（*British Journal of Psychology*）47期，1956年，第44—50页。

两人才把心身问题作为一种主要的形而上学难题而重新引入到分析哲学中，并引发了持续至今的争论。事实上，赖尔的《心的概念》早在1948年就已出版，当然维特根斯坦也有过许多对心理和心理语言的评论，更不用说还有布罗德（C. D. Broad）的《心灵及其在自然中的地位》(1925)[1]这部较早的作品。不过，赖尔和维特根斯坦首先关注的是心理话语的“逻辑”问题，而不是解释我们的心理与我们的物理世界如何关联的形而上学问题；此外，基于不同的理由，赖尔和维特根斯坦应当会谴责形而上学的心身问题纯属哲学上的一派胡言。相比而言，布罗德的著作则有较强的形而上学性，不幸的是，它和本世纪后半叶，尤其是重要的早期阶段所讨论的心身问题关联不大。

2 我们中的大多数人（包括我在内）都是于20世纪50年代后期到60年代早期上的大学，斯马特和费格尔的唯物主义是当时我们最先碰到的第一个把心身问题作为一个系统哲学问题的理论。他们的理论新颖大胆而又充满着那个时代乐观的科学情怀。就像科学告诉我们光是电磁发散、基因是DNA分子一样，主张心理事件只不过是大脑的过程而且能够科学研究证明，这是多么令人神往而又激动的思想。不过，同一论如昙花一现——从出现到跌至谷底仅用数年。细细回想，纵然同一论如

1 吉尔伯特·赖尔（Gilbert Ryle）:《心的概念》，伦敦：哈奇森出版社，1949年；由G. E. M.安瑟科姆（G. E. M. Anscombe）译、路德维根·维特根斯坦（Ludwig Wittgenstein）著：《哲学研究》，剑桥：布莱克威尔出版社，1953年；布罗德（C. D. Broad）:《心灵及其在自然中的地位》，伦敦：劳特利奇和基根·保罗出版社，1925年。

此短命，它作为心理理论中有影响的理论仍然是做出了重要贡献。我特别要指出，事实上大脑状态理论为我们后来开展的讨论确立了根本的参照和范围——它的一套鲜明的物理主义假设和信念仍然引导和影响我们今天的思考。有迹象表明，事实上当大脑状态理论于20世纪60年代后期和20世纪70年代早期开始沉寂时，很少有人会回到笛卡尔主义或者其他形式的心身二元论。几乎所有参与讨论的人都坚持物理主义，甚至那些欲致斯马特-费格尔主义于死地的人也是倾向于物理主义的世界观。穿过20世纪70年代和80年代直至今天，心身问题——我们的心身问题——已经成为在根本上是物理的世界中寻找心灵位置的问题。在过去的几十年里，大多研究心身问题的人有个共同计划，就是寻找在原则上是物理主义的框架中接纳心理的出路，同时又把它作为独有的东西而加以保留；它是我们作为拥有心灵的生物不能丢失的珍贵东西，也是我们寻找的独特本质。

能让心脑同一论的地位降落得如此迅速而又无关痛痒，并在哲学家中引发重新思考而了无缺憾，主要来自于推翻它的两个主要论证：一个是由普特南（Hilary Putnam）[1]提出的多样可实现性论 3

1　出自《心理谓词》（Psychological Predicates）。它于1968年首次发表，后以《心理状态的本质》（The Nature of Mental States）为题载于希拉里·普特南（Hilary Putnam）的《选集II》（*Collected Papers*）（剑桥：剑桥大学出版社，1975年）。简单地讲，这个观点是，心理状态能并且做到在不同物种和结构上有大量不同的物理／生物实现者（例如，人类身上的疼痛神经实现者大概明显不同于软体动物身上的神经实现者），继而得出没有心理状态可以同一于任何（单个）物理或化学状态。详尽内容可参见我《多样可实现性与还原形而上学》（Multiple Realization and the Metaphysics of Reduction），后载于《随附性与心灵》（*Supervenience and Mind*）（剑桥：剑桥大学出版社，1993年）。

证，一个是由戴维森（Donald Davidson）[1]提出的异常论证。这两个论证中包含着诱人的心理可替代性方案，即功能主义和异常一元论。功能主义的中心思想就是心理的类和属性是抽象的、高层的功能类，而不是物理化学或生物的类。它是一个极具建设性和开放性的思想，有助于我们理解当时新兴的认知科学。心理的功能主义方案似乎特别适合于认知和心理的新科学，因为它的中心主张认为存在着独特的心理／认知属性区域，但是不适于用物理／生物的科学方法研究——此观点承认心理学是作为一个合法而又自主的科学。功能主义为认知的新科学提供了形而上学和方法论。

尽管戴维森的异常一元论的特别吸引力不同于功能主义，然而，它也为我们提供了另外诱人的出路。一方面，它告诉我们，心理域由于其主要的异常性和规范性而不可能成为严肃科学研究的对象，[2]心理完全是位于与物理不同的区域。尤其是相对于物理的，心理的异常性——也就是说，不可能存在连接心理类与物理类的定律——被认为推出心理类到物理类的不可还原性。这意味着心理类是不同于物理或者生物类的，它与斯马特-费格尔的心身同一论是矛盾的。沿此思路，戴维森异常一元论使我们保护了心理自主性，尽管它不同于功能主义所提供的理由。另一方面，异常一元论的一元成分认为所有的个体事件

1　出自《心理事件》（Mental Events）。它首次发表于1970年，后再版于戴维森的《行动与事件论文集》（*Essays on Actions and Events*）（牛津：牛津大学出版社，1980年）。

2　戴维森较早论述异常一元论的论文之一是以《作为哲学的心理学》（Psychology as Philosophy）为标题，后再版于他的《行动与事件论文集》。据推测这是针对《作为一个科学的心理学》（Psychology as a Science）而写的。

（“标记事件”）都是遵循物理定律的物理事件，因而赋予了物理本体上优先性地位。这也满足了我们对物理主义的渴望。因而，无论是异常一元论还是功能主义就它们各自不同方面都可能使我们摆脱整体式还原论（monolithic reductionism）的限制性 4
条件，然而没有使我们丧失物理主义资质。事实似乎也是如此。

随附性、实现与突现

异常一元论和功能主义，这两个理论在心身问题以及心理与物理如何关联的问题上都说了些什么呢？所谓异常一元论就是一种物理主义一元论，它认为任何个体心理事件都是一个物理事件，但同时坚持心理事件是异常的，也就是说，不受定律（按照戴维森有时的说法是“严格的定律”）支配的。尤其是，它明确宣布不存在连接心理类或属性与物理类或属性的定律。在这个学说中，心理与物理关联的异常性就是一个否定性命题：它告诉我们心理如何与物理没有关联，但并未提到二者是如何关联。因而，这个学说的首要部分——任何心理事件都是一个物理事件——就会陷入麻烦，因为它告诉我们的是一个心理与物理关联的肯定性表述。

但是戴维森的物理一元论确切告诉我们心身关系是什么呢？答案只能让我们大失所望。对于戴维森来说，主张所有心理事件都是物理事件的要求只能是：任何能给出心理描述的事件也能给出物理描述，或者按照当前的习语说，任何拥有心理属性的事件（或属于一个心理类）也都拥有物理属性（或属于一个物理类）。

在戴维森的方案中，对于一个事件是物理的或者是心理的只能用物理的或心理的术语来描述它，或者把它归入一个物理的或者心理的类。因此戴维森的一元论就归结为这样的命题：虽然可能或者想必也是只存在拥有物理属性（描述）的事件，就是不存在只拥有心理属性（描述）的事件。这里无需心理类与物理类的类型关联，戴维森的心理异常论鲜明地禁止心理类型与物理类型的定律（或任何较强的）关联。但这个剥夺心理与物理的类型-类型或属性-属性关联的学说实际上等于说我们的心理本质与我们的物理本质之间是没有关联。这等于说异常一元论中的一元论和异常一元论中的异常性都是否定性命题。

我们可以用一个类比说明异常一元论并没有更多谈到心身关系。请考虑这样一个命题，它大概是真实的：任何具有某颜色的物体就有某形状——或者换成类似戴维森的一元论方式来看，任何具有某颜色的物体等于具有某形状的物体。很明显，这个命题对于颜色和形状之间的关系语焉不详；事实上我们也知道它们之间不存在令人感兴趣的关联。同样，在心身问题中，具有一个心理属性的任何事件就是一个具有一个物理属性的事件的命题，它根本没有论及——按照戴维森的设计也没有提及——心理与物理的类型-类型关联是存在还是不存在。这表明，戴维森的异常一元论所提到的心理与物理的关联就如同某颜色的物体就具有某形状的命题所提到颜色与形状的关联大致一样。就异常一元论而言，心理属性和物理属性之间跟我们周围事物的颜色和形状之间一样都没有系统地关联。这同样适用于类似戴维森物理一元论而被称为个例物理主义（token physicalism）

的任何形式。[1]我相信，我们希望心身理论能告诉我们心理属性如何关联于物理属性的更多**确切**内容，也希望能够解释它们是如何关联的。但是我们不能从异常一元论中得到这些。

这很可能是导致戴维森在《心理事件》中引入心身随附性的原因。在提出不可能有心理与物理的定律关联的论证以后，戴维森用某种轻松的方式补充道： 6

> 尽管我描述的立场否认心物定律的存在，但是它和下述观点是一致的：在某种意义上，心理特性依赖于、随附于物理特性。这样的随附性可能意味着不可能有两个物理方面相似的事件但是在心理方面不同，或者一个物体在物理方面没有变化，但在心理方面有些变化。[2]

尽管在本世纪早期，英国突现论者已率先使用与心身问题有关的“随附性”表述，并且这个概念在伦理学中已被长期使用，但是只有上面的引文才表明随附性用语被引入到当前心身问题的讨论之中。无论怎样，在某种程度上，戴维森所理解的心身随附性迅速流行，我认为，这是因为它给出了或者至少承诺给出心理与物理如何是彼此关联的陈述。尤其要注意的事实是，

1　有些哲学家采用个例物理主义以明显区别于戴维森的一元论。个例物理主义把心理属性例示同一于物理属性例示，其中一个属性F“例示”像一个F的比喻（或者作为一个事件的F—例证，作为属性例证的事件理论模式），而不是有或者例示F的某物（事件、对象）。这种形式的标记物理主义事实上更像我在《随附性与心灵》中称谓的“多样类型物理主义”（自第364页起）。

2　《行动与事件论文集》，第214页。

随附性考虑的是心理与物理的**属性和类**（按戴维森的话说，也称为“特征”或“方面”），而不是心理与物理标记或者是戴维森无结构的殊相事件。不像异常一元论的两个中心命题，随附性主张最终所谈的是关于物理属性与心理属性间关联的某些确定的东西。

此外，随附性主张具有物理主义的诉求：虽然它没有直接地表述，但是明显地暗含着心理对物理的非对称依赖。这类心身依赖关系被认为与心物的非还原性是一致的（事实上也是戴维森等其他人所明确主张的）。凭心而论，我认为，戴维森对待随附性就像事后随意添加的，很少去解释、说明，也很少去辩护，但是随附性思想逐渐掩盖了异常一元论的中心信条，并为
7 物理主义方案开辟出新的热点与方向。是否心身随附性被认为是戴维森异常一元论的必要构成部分并不是我们在这里要考虑的问题。[1]无论我们对此问题发表什么看法，事实不容忽视：哲学家是在心身随附性中发现了一个有希望的物理主义形而上学，而不是在异常一元论的两个命题即物理事件一元论和心理的异常性中发现的。这也是在20世纪70年代后期随附性观念在心身问题的争论中生机盎然的原因。

---

1 事实上，存在这样一个问题即心理异常论是否和心身随附性一致。可以说，可以支持随附物对原生物依赖的主张的任何随附性关系必定是某种形式“强随附性”（见下面），同时心理对物理的强随附性与否认两域间律则关联是不一致的。更详尽的内容参见我的《随附性与心灵》（剑桥：剑桥大学出版社，1993年）中的《随附性概念》。戴维森自己后来选择了“弱随附性”（参见他的《思维原因》（Thinking Causes），载于约翰·海尔（John Heil）和阿尔弗雷德·米尔（Alfred Mele）主编的《心理因果性》（牛津：克拉伦敦出版社，1993年）。这使得他的随附性主张与他的一元论相一致，然而把他的心物依赖性置于怀疑之地。

总的来说，功能主义者并不是形而上学者，他们中很少有人会关注是什么让他们观点中蕴涵了心身问题。[1]主流的功能主义通常用来描述心理属性（类别、状态等）和物理属性之间关系的术语就是“实现”（realization）[或者有时称为“例示”（implementation）、“实施”（execution）等]：心理属性是被（或由）物理属性来“实现的”或者“实施的”，尽管前者不能同一或还原到后者。但是，主要凭借着计算机类比的优势（具体来说，就是以抽象、数学为特征的计算机能够由具体的物理或电子设备来实现的观念），“实现”这个术语被引入[2]并很快地流行起来，很少有功能主义者特别早期的功能主义者明确解释这种实现关系是由什么构成的，特别是作为传统心身问题的备选方案，这种实现关系意味着什么。

我相信，某些功能主义者以及某些受到多样实现性论证影响的人之所以接受随附性思想，部分原因是它承诺要填补这个形而上学的空白。心理属性随附于物理属性的命题似乎也非常适合功能主义形而上学的要求：它清楚明白地给出物理域及其定律以优先性地位，因而大部分功能主义式的物理主义者承诺

1　关于心身问题上功能主义的模糊形而上学立场，可参看由内德·布洛克（Ned Block）主编的《心理学哲学读本》（剑桥：哈佛大学出版社，1980年）第1卷他本人所写的《引言：什么是功能主义》。有趣的是，有些功能主义者（如阿姆斯特朗和刘易斯）认为他们是在捍卫类型物理主义，然而其他功能主义者（如普特南和福多）认为他们是在批驳类型物理主义。

2　我所知道的这个术语的最早哲学用法出现在由悉尼·胡克（Sydney Hook）编著的《心灵的维度》（*Dimensions of Mind*）（纽约：纽约大学出版社，1960年）中普特南所写的《心灵与机器》。

就是正当的，同时它还没有物理的还原主义之义，借此又保护
8 了心理的自主性。进一步说，它在承认随附属性的多样随附基础上，提出了包容心理属性的多样实现性的完美方案。

我相信，这也是许多哲学家包括那些支持功能主义观点的哲学家为什么把心身随附性看作一种令人满意的、无须还原主义的、物理主义的形而上陈述的原因。它为20世纪70年代中期到后期的内德·布洛克（Ned Block）所称为的“反还原共识”（the antireductionist consensus）[1]以及相应的保护带的出现提供了条件。这种观点，现在标准的称呼是“非还原物理主义（nonreductive phycialism）”或“非还原唯物主义（nonreductive materialism）”它已经成为并且仍然是最为影响的形而上学观点，它不但适用于心身问题，而且对于所有处理高层属性和潜在低层属性之间的关系的领域也是较为常见的。于是，这种思路产生出一个额外的成果，即具体科学如何与基础物理学关联的一般哲学阐释：具体科学域内的属性——它是形成那些科学定律与解释的属性——都是随附于基本的物理属性，但是并不能还原到后者，在某种意义上就是说，具体科学是独立于物理学的。假如你是基础物理学家之外的科学家，可能会欢欣鼓舞，这意味着你能独立于理论物理学之外而做你的科学，你能用自己专有术语表达你的具体科学定律和解释而无需回答物理学的看法。当然这是置身于基础物理学之外的科学家一般做法，不

1 布洛克:《反还原论回击》（Anti-Reductionism Slaps Back），载《哲学展望》（*Philosophical Perspectives*）11期，1997年，第107—132页。

过最好还是为它提供一个哲学依据。

无论怎样，反还原论共识巩固的一个直接后果就是已经显出突现论的复苏——即使不是回到20世纪20年代和30年代的传统突现论所流行的信条，至少也是提到了它的专有术语和口号。当实证主义和“科学统一体”处于强势时，突现论往往被指责为一堆讨厌的前科学教条，当然不是说像诸如隐德来希（entelechy）和生命冲动（elanvital）的新活力论（neo-vitalism）那样的声名狼藉，而是指它的含糊和不连贯性。伴随着还原物理主义的颓势，突现论显出强烈的复兴信号。[1]我们现在看到，无论是在严肃的哲学文献中，[2]还是在心理学、认知科 9
学、系统论等类似著述中，传统突现论者意义上所采用的诸如“突现”“突现属性”“突现现象”等术语在不断增加且未加分析地使用。[3]

总而言之，在心-身关系的讨论中，有三种观念过去是、现

---

1 我已在其他地方提出，传统突现论可恰当地视为最早的非还原物理主义表达。参见我在《随附性与心灵》中的《心理因果性的非还原主义困扰》（The Nonreductivist's Troubles with Mental Causation）。

2 例如，参见塞尔（John R. Searle）的《心灵的再发现》（*The Rediscovery of the Mind*）（剑桥：麻省理工学院出版社，1992年）。另外对突现最新关注的标志就是近来由安塞伽·贝克尔曼（Ansgar Beckermann）、汉斯·弗洛尔（Hans Flohr）和金在权主编的研究突现的论文集《突现或还原》（*Emergence or Reduction?* ）（柏林：迪·克鲁特出版社，1992年）。

3 例如，弗朗西斯科·瓦莱拉（Francisco Varela）、埃文·汤姆逊（Evan Thompson）和埃莉诺·罗施（Eleanor Rosch）的《具身心灵》（*The Embodied Mind*）（剑桥：麻省理工学院出版社，1993年）。特别参见名为“突现类型”第四章。同时在本书中，我获悉两个突现论文集，它们大多是不同学科的科学家所写，将准备在欧洲（在法国和丹麦）出版。1997年奥伯林哲学研讨会（Oberlin Philosophy Colloquium）的主题也是“突现与还原”。

在也是显著的：心理由物理来“实现”的观念，心理“随附”于物理之上的观念，以及心理是从物理当中“突现”的观念。探究这三个观念以及它们在心身问题的争论中所具有的地位，将是我在这些演讲中的工作的一部分。现在，我将主要讨论随附性和实现性。在讨论之前，我将先谈谈突现，尤其是它与后面演讲中所讨论的还原和还原论密切相关（第四章）。[1]

随附性不是一个心身理论

我们先从随附性开始。随附性一般被视为随附属性（supervenient properties）和它们的基础属性（base properties）两个属性族之间的关系。据目前所知，存在着多种随附关系；出于我们的目的，我们可能重点放在“强随附性（strong supervenience）”上。先看看下面的心身随附性命题：

> 心理属性随附于物理属性，必然对于任何心理属性M，如果某物在t时有M，就存在一个物理基础（或者原初）属性使得M在t时有P和必然在某时有P的某物在此时有M。

例如，假设某人感到疼痛，则必定处在这种情况：此人例示一些物理属性（大概是一些复杂的神经属性）使得无论何时

1　我在《理解突现》（Making Sense of Emergence）（《哲学研究》即将刊登）对突现展开了讨论。

何人都例示这样的物理属性，她必定感到疼痛。也就是说，任 10
何心理属性都有物理基础保证它的例示。进一步说，没有这样的物理基础，心理属性就无法例示。在属性构成假说下，这种方法表达的随附性命题（有时称之为“模态算子”公式）显示为与另一个随附性公式（有时称之为“可能世界”或者“不可分辨”定义）相等：

心理属性**随附于**物理属性，当且仅当任何两个事物（在相同或不同的可能世界中）在物理上无法分辨，则在心理方面也不无法分辨。

或者我们可以说：任何是严格物理复制的两个事物必然同时是严格心理复制的——也就是说，物理复制品就是简单的（*tout court*）**复制品**。或者像有些人归纳的：没有心理的差异就没有物理的差异。[1]我们将考虑两个等价的心身随附性公式，[2]看哪一个适合当前的需要。

1　大卫·刘易斯（David Lewis）:《一个共相理论的新成果》（New Work for a Theory of Universals），载《澳大利亚哲学杂志》（*Australasian Journal of Philosophy*）61期，1983年，第343—377页。

2　或者，即使你置疑它们的同等，但仍有把握设想接受其中之一的任何人也会接受另外一个。对此观点的更多内容可参见刊登在《随附性与心灵》中我的《再论“强”随附性与“整体”随附性》（“Strong” and “Global” Supervenience Revisited）和由E. 萨维尔（E. Savellos）和乌姆特·D. 亚克林（Umit D. Yalcin）编著的《随附性》（剑桥：剑桥大学出版社，1995年）中选用的布莱恩·麦克劳克林（Brian McLaughlin）的《随附性种类》（Varieties of Supervenience）。麦克劳克林的文章对随附性的概念进行了全面和有益地研究和分析——是随附性研究不可缺少的指南。

在心身随附性下，物理基础属性P对于心理属性M来说，作为一种必然性，它保证M的出现；也就是说，假如某物例示P，那么它必然例示M。所提到必然模态力是被用于心身关系观点的固定参数；有些可能是被认为是形而上学或者甚至是逻辑或概念必然性，另外一些也许是满足于律则必然性。（我们应当注意到随附性的模态力可能因心理属性族不同而不同，例如，可能对于意向属性来说是随附于逻辑或概念必然性，然而对于现象属性仅随附于律则必然性。）我们已经注意到，一个或者相同的心理属性可能有多种物理基础；例如人的疼痛可能基于一个神经属性，而其他如爬行动物则可能基于其他属性。

11 根据戴维森的看法，随附性总是习惯上关联于**决定或者依赖**的思想：假如心理随附于物理，那么心理依赖于物理，或者物理决定心理，从宽泛意义上讲，某事物的心理本质完全由它的物理本质所固定的。有时，也可以替换成“世界”：一个世界的心理特性完全由它的物理特性决定——像经常所说的，物理上不可区分的世界在心理上也不可区分。依赖关系或者决定关系是不对称的：假如x依赖或者决定于y，那么不可能反之y依赖或者决定于x。在某种意义上，决定的东西必然被视为比被决定的东西在本体论上优先或者更为基本。但是如上所述，心身随附性不是非对称的；一般说来，A随附于B不能排除B随附于A。我们引入的随附性概念仅仅表明两个属性族间的共变，这个共变在缺乏形而上学的依赖或者决定关系情况下仍然出现。例如，两个属性族可能显示必要的共变是因为它们彼此依赖于一个第三者，其方式稍微类似于单个原因的两个并行结果所显示的律则关联模式。属性共变需要增加什么以达到依赖／决定性，或者决定／依赖性是否必须被视为一个原初独立的，这都可能是无法给出清晰答案的困难问题。我们将简单地按照习惯用法把随附性理解为同时包含决定或依赖的要素。事实上，像“随附基础”和“基础属性”的日常表述几乎都清楚地表达了非对称的依赖性。

假定心理的随附于物理的，那么这能否给出我们一个心理如何与同时作为生物的物理本质相关联的可能解释呢？也就是说，我们能否仅用随附性就能表达出一个心身关联方式的哲学理论呢？有时人们包括我自己，在这方面也是给予肯定回答的：12
所谓的随附物理主义是解决心身问题的可能立场。但是，在强随附性意义上，随附属性不能还原为原初基础属性的不可还原性是否与随附性本身一致则存在着争论。而且此问题的争论仍然没有结果，[1]我现在认为这是由于对还原概念的严重分歧所造成的结果（见第四章）。这里我们主要关心的问题是：心身随附性就其本身能否作为一个心身关系的解释。

简单地想一下，答案是否定的，心身随附性自身并不能给出我们一个心身关系的理论。这里至少有两个原因。首先，心身随附性是与大量的心身传统观点相一致的，事实上，它是许多相互对立的心身理论的一个共同承诺。我们知道，所有实现论和心理必定是物理实现的理论——也就是说，不存在非物理实现的心理

1　参见，例如约翰·波斯特（John Post）的《存在的方面》（*The Faces of Existence*）（伊萨卡岛：科内尔大学出版社，1987年）和我在《随附性与心灵》中的《作为一个哲学概念的随附性》。

属性（我们称作物理实现）——均意味着心身随附性。但是突现论是一个二元论，它把心理属性视为一个非物理的内在因果力存在，然而我将认为物理实现是一个一元论物理主义。很明显，类型物理主义把心理属性还原等同于物理属性也意味着心身随附性。此外，根据一些物理主义者如斯马特的看法，副现象论尽管在根本上反对二元论，但是明显倾向于心身随附性：假如两个生物在心理方面有所不同，那么必定因为物理方面有所不同——它必定是因为所研究的心理方面的物理原因显现出一个而缺少了另一个。也就是说，副现象论确实认为两个物理上不可分辨的生物必定证明有相同的心理特性。假如心身随附性是解决心身问题上的许多
13 彼此不同的和相互对立的观点的共同部分，那么它自身就不可能被划归到那些解决这个问题的传统方案中的一个立场。[1]

这表明，单纯心身随附性主张留下了无法解决的问题，即它的**基础或原因**是什么——也就是说，随附性关系为什么适用于心理与物理。[2]看一下与这里有关的一般观点，比如规范随附性，人们广泛承认的观点就是规范、价值属性随附于非规范的、

---

1 心身随附性甚至并未被实体二元论排斥在外。

2 需要解释随附性关系，可参见特伦斯·霍根（Terence Horgan）：《随附性与宇宙解释学》（Supervenience and Cosmic Hermeneutics），载《南方哲学杂志》（*Southern Journal of Philosophy*）22期，增刊，1984年；霍根和马克·蒂蒙斯（Mark Timmons）：《伦理孪生地球困扰：再论伦理谜题》（Troubles on Moral Twin Earth: Moral Queerness Revisited），载《综合》（*Synthese*）92期，1992年，第221—260页；霍根：《从随附性到超级随附性》（From Supervenience to Superdupervenience），载《心灵》102期，1993年，第555—586页。据我所知，霍根是第一个强调对于物理主义者来说为什么给出心身随附性物理说明是重要的。同时，霍根也是第一个建议心理属性的功能化是它们随附性的一个可能解释；可参见上面引用的霍根和马克·蒂蒙斯所写的文章。

非价值的属性。各种元伦理学观点承认规范属性，但是对其起源又有不同的解释。对于自然主义伦理学而言，随附性有效是因为规范属性可以由非规范、自然的属性来定义。但是像G. E. 摩尔（G. E. Moore）这样的直觉主义伦理学家则把规范随附性看作一个根本上综合的、先验的事实而无需进一步解释，它是那种通过我们的是非感而直接理解的。非认知主义者R. M. 黑尔（R. M. Hare）希望把它和约定语言的一定规则条件联系起来。还有另外的人则尽量把它建立在规范价值的适当观念上：规范判断和价值必须最终是基于本身是非规范和非价值的理由或者基础，也就是说规范属性必须有非规范的适用标准。在心身问题上，我们也把对立的心身理论看作提供了心身随附性不同的解释。由类型还原物理主义所做的解释类似于规范随附性的自然主义解释——心身随附性之所以成立是因为心理是物理可还原的。从类型物理主义来看，心理属性就是物理属性，就像自然主义伦理学所说，道德属性是自然属性。而突现论类似于认知主义伦理学，它把心身随附性作为无需解释的东西，就像著名的突现论者S. 亚历山大（Samuel Alexander）所主张的，这必定是我们出于接受“自然的敬畏（natural piety）”这样的朴素事实。相比而言，副现象论引用因果关系（“同因同果”原则）来解释随附性，然而物理实现主义则把心身随附性看作下列事实 14
的结果：正如我们所看到的，心理属性是建立在一阶物理属性及其等等属性之上所定义的二阶功能属性。

我们必定可得出心身随附性自身并不是一个**解释理论**，它只是表明心理和物理之间属性共变的模式，并指出二者之间存在一个依赖关系。然而，随附性对于这个可能解释心理随附于物理原因的依赖关系的本质保持缄默。处理这个问题的另外一种方法应当是：随附性不是一类依赖关系——它不是那种可以归结到因果依赖性、还原依赖性、局部依赖性以及基于可定义或可推导的依赖性等等之类的依赖性。确切地说，任何这些依赖关系都可以产生必要的属性共变，因而都有资格称为随附性关系。所以，随附性不是一个形而上学的“深层”关系，它只是一个关于属性共变模式的“现象”关系，而这些模式可能是一些深层依赖关系的外在表现。假如这是正确的，心身随附性只是表明了心身问题——而不是一个解决后者的方法。这意味着非还原物理主义必须在其他地方寻找形而上基础，随附性自身是不能提供的。任何接受心身随附性的公认心身关系解释必须说明心理和物理的依赖关系，这是能够建立和解释心身随附性的基础。

然而，这些看法不一定会对心灵哲学中的随附性概念的有用性造成严重贬低。它们必定会降低我们对单个随附性可能给出心身关系说明的期望。当然也有积极的方面：我们的研究表明，心身随附性抓住了所有关于心理性本质观点的共同承诺，即心理性在根本上是物理的。因为心身随附性表达了这样的思想，即心理性有着根本的物理基础，不存在脱离用以显现它的、具有物理本质的对象和事件而自由漂浮的心理性。从类型还原物理主义到二元突现论，心身问题上的许多不同派别都有这种观念。比较起来，心身随附性与二元论的极端形式是不相容的，例如笛卡尔的二元论，它主张心理世界是自由飘浮的，不受物理域约束的。[1]这样的心身随附性可作为一个有用的分界线：它可被看作最低限度物理主义（*minimal physicalism*）。

层次模型和局部随附性

笛卡尔的实体二元论认为，世界是由两个独立的物理域和心理域构成，每个域都有其独特的限定属性（分别具有意识和空间延展性）。域之间存在因果关联，但是每个域内被作为“实体”的实在在本体上彼此独立，一个域在完全缺少另一个域的情况下仍有形而上的可能性存在。取代这个二分世界图景的是层次模型。它把世界分成一个由不同“层次（levels）”“次序（orders）”或者“层级（tiers）”组成的等级结构。最低层次通常被认为是由基本粒子构成的，不管我们最完美的物理学将会告诉我们什么，它都是构成所有物质事物的基本物质单元。[2]随着层次上升，我们会遇到原子、分子、细胞、大的生命有机体等。形成层次结构的层间关系就是部分学（mereological）（部分-整体）关系：除了最底层上的实在，一个属于给定层次上的实在都会详尽地且毫无遗漏地分解成属于较低层次上的实在。

---

1 有许多形式的二元论，例如斯宾诺萨的两面论和莱布尼茨的前定和谐论，它们都和属性共变的随附性一致，但和包涵非对称依赖性的成熟随附性不一致。我们可能也注意到，尽管突现论看来承认心身随附性，它的另外一个基本原则即“下向因果性”信条决非明确地和随附性命题一致。关于我对突现论和非还原物理主义论述中的“下向因果性”可参见安塞伽·贝克尔曼、汉斯·弗洛尔和金在权主编的《突现或还原》（柏林：迪·克鲁特出版社，1992年）。

2 当然同样层次模式并不需要设置一个最底层；它和一列无穷递减层次相一致。

但最底层的实在没有物理上明显固定的部分。

下面是这幅层次图景的一部分：在每个层次上，都有使得在那个层次上首先显现或者“突现”的属性、活动和功能（我们可
16 称为那个层次上的特性）。这样，在分子层次中的特性就是电子传导性、易燃性、密度、黏性等等；诸如新陈代谢、生殖活动和功能都是细胞和高层生物层次上的特性；意识和其他心理活动出现于高层生物层次。本世纪大部分时间里，即便没有明确表述也是暗中假定，类似这样的世界层次图景已经成为形而上学和科学哲学中各种观点争论的一个常态背景，例如，还原和还原论、心身问题、突现论、具体科学的地位以及统一科学的可能性。事实上，这幅图景已经强烈、普遍地影响到我们在许多领域拟定的问题以及解决它们的可能方法的方式。有时，这个层次模型以概念和术语而不是实体和属性来表述。我们会经常遇到*组织*、*描述*或*语言*、*分析*、*解释*等层次的谈论——它完全渗透于多个领域的早期科学文献中，特别是在各类心理学和认知科学、系统论和计算机科学领域——还有其他领域中的科学文献中。[1]

现在回到我们的主要问题：一个给定层次的属性与相邻层次特别最低层次的属性是如何关联的？生物（“活力”）属性如何

1 在大卫·马尔（David Marr）的作品《视觉》中，他极好地区分了三个分析层次：计算的、算法的和操作的。参见他的《视觉》（纽约：弗里曼出版社，1982年）。本世纪初期，突现论似乎是最先给出层次模型的一个明确表达；例如，见莫根（C. Lloyd Morgan）：《突现演化》（*Emergent Evolution*）（伦敦：威廉姆斯和诺盖特出版社，1923年）。对于模型的一个特别清晰而有益的陈述可参见保罗·奥本海默（Paul Oppenheim）和希拉里·普特南：《作为一个工作假说的科学统一体》（Unity of Science as a Working Hypothesis），载《明尼苏达州科学哲学研究》第2卷，1958年。

与物理化学属性关联的？意识和意向性与生物或物理属性如何关联的？社会现象、社会群体的现象特征与个体成员如何关联的？你将会同意，这些确实是科学哲学、形而上学和心灵哲学的中心问题。它们的可能答案是由涉及问题的哲学选择而界定的。一些广为熟知的主要选择方案包括还原论、反还原论、部分学个体主义、突现论、非活力论等等。你可能试图给出简单而同一的答案 17
以适用于所有相邻的层次对，或者你可能对不同的层次采取不同的立场。例如，你可能主张任何层次（比最低层高一些）上的属性在某些明确而根本的意义上还原到低层次属性，因而最终归结为物理学的基本属性，或者，你可能把还原论的主张限定于特定层次（比如，生物属性和物理化学属性相关联），同时又保证了其他层次上的属性反还原论的立场（比如，意识和意向性）。就一个给定层次的所有属性来看，给出统一的答案甚至也不是必然的；例如，研究心理属性，有可能认为现象属性或者感受性是不可还原的，然而同时认为意向属性包括命题态度是可还原的（比如，因果/功能或者生物地还原）。

现在，让我们转向具有心理随附性的层次模型。当随附性叠加于层次模型之上时，一个关于给定层次上的属性与那些在低层次上的属性之间的随附性主张的日常图式就如下所示：

对于属于L层次（除了最低层次）上的任何X和Y，假如X和Y在与所有比L低的层次上的属性关联是不可分辨的（或者，根据我们的说法，X和Y是*微观上不可分辨的*），那么X和Y就L层次上的所有各种属性上都是不可分辨的。

我们如何解释微观上不可分辨的观念呢？下面的看法似乎是水到渠成的：[1]

> 属于层次L上的X和Y是微观上不可分辨的，当且仅当对于任何X中的构成D分解成属于低层的特有部分，在下面意义下Y都有同构的构成C，即从D到C存在着一对一的函数使得对于低于层次L的层次上任何N元属性或关系P，P（dn）当且仅当P（I（dn）），其中dn是D中的部分的N倍，I（dn）是在I下的dn的映像；反之，从Y到X亦然。

18 毫不为怪，当适用于层次模型时，随附性命题证明了部分学随附性主张，即整体的属性固定于其部分的关系和属性的学说。于是，宏观-微观随附性日常主张变成了德谟克利特原子论，即世界之所以是这样的，是因为微观世界就是这样的。[2]

下面让我们回到心理属性上来。可以推断，心理属性起源于高阶生物层次上的特有属性，以及类似的其他高层属性，它们在一定意义上是随附于其特有部分所具有的属性。也就是说，假如M是某物X所具有的一个心理属性，那么对于任何与X在微观条件上无法分辨的Y也将具有M。因而心理属性是随附于微观

1 尽管有一点局限性。参见我的《多域的随附性》（Supervenience for Multiple Domains），后收录于《随附性与心灵》。

2 假如我们设想存在一个最低层次，任何事物都将会一次性分解到低层实在，因而下面应当是可证明的：假如x和y根据它们分解成的低层实在是微观不可分辨的，它们就是微观不可分辨的。

属性的宏观属性。

我们应当拒斥在真实的事情之外妄加猜测的诱惑。就层次模型来看，心身随附性是**部分学随附性**的个例，这似乎是一个进步，它诱使我们认为可以按照宏观属性由微观属性决定和解释的方式来试着解释心身随附性。但随附性或决定性是一回事，解释是另外一回事。我们可能认识到B决定A（或A随附于B）而无需知道为何如此——为什么A应当从B中产生，而不是C，或者为什么是A而不是D从B中产生。心理对物理的部分学随附性将不能自动地给出我们一个局部心身随附性之所以成立的合理性说明。假使心理属性M随附于特定的物理部分学构形P，问题就来了：M是否以某些适当的意义还原为P？我们能否根据它拥有P解释为什么某物有M？P-M和其他这样随附性关系能否得到进一步解释（在这里，“解释”会意味着什么呢），或者它们必须被视为原初的和基本的吗？这些问题与P是否是一个微观特征的属性问题不同。

我相信这些问题是合理的。层次模型向我们展示了有用的本 19
体论图景，从中我们可以定位心身问题。在层次模型的广阔背景下去解决心身问题，就有了普遍性和整体性。在解决此问题上，我们有望建立一些确切的参数和条件，从而正确认识它的特殊性和与其他领域问题的共同之处。但是，这仍未触及到困难问题。现在让我们转向一个解决这些问题的方式即物理实现的思想上来。

物理实现

你可能还记得，我所说的物理实现是指假如心理属性被实现，它们必定是物理实现的——也就是说，没有心理属性能够非物理实现的。[1]因而这个命题就等于物理主义和心理属性功能概念的合取，“物理功能主义”应当是这种观点同样恰切的名字。功能主义是把心理属性和类作为功能属性，而功能属性是根据感觉输入和行为输出间因果联系的角色来精确定义的。功能主义的物理主义形式就是把物理属性作为这些因果角色的唯一的潜在显现或者“实现者”。[2]举个常见的例子，说一个生物处在疼痛之中也就是说它处在某种内在状态。它主要是因组织破坏引起的，尤其表现为呻吟、畏缩和其他特有疼痛行为。在这个意义上，存在疼痛就是说存在一个二阶属性：对于一个系统X有此属性就是说对于X有一些满足一个特定条件D的二阶属性P，在目前情况下，这个条件D表明P具有疼痛的特有原因和特有结果。

一般说来，我们能按照下面方式解释二阶属性的思想。[3]假设B是一类属性；这些是我们的一阶（或者“基本”）属性。它

1 我们将无法详细说明这种主张的模态力。依赖每人所赞成的模态（律则的、形而上学的、概念的等），将会出现不同样式的物理实现论。下面的讨论大部分与此观点无关。

2 标准样式的功能主义也将包含输出的心理状态：例如，在疼痛的例子中，类似一种悲伤感和渴望摆脱悲伤感的心理状态。出于说明的简洁，我们忽略了这种复杂性。

3 普特南对于心理性功能主义概念和一个二阶属性的一般观念做出了贡献。对于后者，可参见他的《论属性》（On Properties），载《哲学论丛》（*Philosophical Papers*）第1卷，剑桥：剑桥大学出版社，1975年。考虑到功能主义之父也引入了二阶属性概念，因而下面的说法是没有根据的：这个概念进入功能主义讨论之中，可追溯到内德·布洛克的初次使用，例如参见他的《心灵会改变世界吗》（Can the Mind Change the World？），后被选入乔治·布鲁斯主编的《意义与方法》（*Meaning and Method*）（剑桥：剑桥大学出版社，1990年）。然而在他的《论属性》中，普特南并没有把实现概念和二阶属性概念明确联系起来。

们不是任何绝对意义上的一阶属性；它们可能很好地相对于另 20
外一类属性是二阶属性。[1]当心理属性作为二阶属性是由B提供的时候，我们必然把B作为由非心理属性构成的（包括物理化学的、生物的和行为的属性[2]）。我们得出：

> F是基于基本（或者一阶）属性族B之上的二阶属性，当且仅当，F是具有B中的某些属性P的属性使得D（P），其中D是例示B的子集条件。

之所以二阶属性是二阶的，是因为它们通过基本属性**量化**（*quantification*）——在这里是指存在量词——得来的。我们称这个满足条件D的基本属性是二阶属性F的实现者。例如，假如颜色是基本集合B构成的，那么拥有原色的属性可能被认为是一个二阶属性：拥有B中的一个属性P使得P＝红色或者P＝绿色或者P＝蓝色。[3]因此，这些红色的、绿色的和蓝色的存在是拥有原色的实现者。假如B是矿石的集合，[4]硬玉就被认为矿石的二阶属

1　当然有人可能发展一种功能主义观点以表明假如存在二阶属性，必定存在的属性在绝对意义上是一阶属性。

2　假如宽内容属性被分析成一个二阶功能属性，那么关系或历史属性是否被包括可能变成一个问题。我们也不需要从基础域内排除非物理属性：假如物理实现主义是正确的，没有非物理属性将会是心理属性的实现者。

3　也许，拥有一个原色可以定义如下：拥有颜色系列中某些P使得P是一个简单颜色系列中的一个成员使得任何颜色都能依靠增加这个系列中成员而得到。可以证明，此方法定义的二阶属性和在本书所定义的属性一样有相同的实现者。这是否意味着两个属性事实上是一个和相同的？下面的讨论有对这个问题的可靠回答。

4　严格说来，对于任何矿物类M，所有属性P使得P是矿物M的存在属性。为了避免冗长，我们会经常使用简单的术语。

性，它呈现淡绿色或者白色，可供作为宝石或者用于雕琢。这个二阶属性有两个实现者，硬玉和软玉。

我们有必要说下能够用来表述条件D的词汇；基于当前目的，我们将假定存在着因果或律则关系（确切地说，它适用于属性或者属性例示），另外还有一般逻辑表达和对应的描述术语（例如，那些B的子集的指称）。现在我们就把在B上的功能属性作为在B上的二阶属性，其例示D涉及因果或律则关系。也就是说，功能属性可通过一阶属性间因果或律则关系来定义的二阶属性。例如，有一种功能属性具有安眠的功效，[1]即一种实体具有这种属性仅当它具有一种催人入睡的化学属性。安定和速可眠
21 分别由于不同的一阶（化学的）实现者即苯田二氮和司可巴比妥而都有安眠的功效。再如水溶性：某物具有这样的属性仅当它具有属性P，以至于当它被浸泡到水中，P就会使它溶解。这个功能属性的概念与出现在功能主义文献的标准用法比较吻合。就功能主义来说，心理属性由因果角色来例示的，也就是根据适于一阶物理属性（包括生物和行为属性）的因果关系来例示的。在这个意义上，心理属性结果证明就是拥有它们的个体之间的外在或者关系属性。处于某种心理状态就是具有如此这般的特有原因和如此这般特有结果的状态。某种给定属性是否有资格占有一个特定角色——也就是说，不管它是不是功能属性的实现者——主要依赖于与其他属性的因果或律则关系，而不是它的内在特征。当然，内在特征也重要，但只是因为它们与

1　借用来自布洛克的《心灵会改变世界吗》中的例子。

其他属性具有因果关联的能力。这样，我们就可以把内在特征看作表征它们载体（这是相对于普遍定律而言的）的因果潜在性，从而有助于确定它们的载体是否例示特定的功能属性。另一方面，因果／律则关系网是由功能属性构成的。[1]

假如心理属性是功能属性，那么它们就不能在定义上或者构成上与其实现者的功能或结构细节有关联。一种给定的属性是否实现一种给定的功能属性是一个偶然的经验问题；与其他属性有正常的因果／律则关联的任何基本属性都可以充当它的实现者。由正常输入所激活的及当激活时触发恰当反应的任何机制都可以充当心理能力或者功能的实现者。在心灵或心理哲学以及具体科学的哲学讨论中始终存在着一种习惯看法：心理属性和其他具体科学属性在不同种类和结构中有着明显不同的实现者。这种看法已被提炼成心理学和认知科学本质的一种观 22
点，即心理属性的形式或抽象特征（按照标准的说法是心理属性的多样可实现性的结果）完全使得认知科学得以可能，能够对跨越不同种类的生物和可能的非生物的认知系统并且独立于它们的物理实现个例等**诸如此类**的认知属性进行科学地研究。事实上，有些人甚至已经推断心理的非物理实现的可能性；无论是在我们这样的蛋白基生物体，还是在其他地球上的生物、电气-机械传动机器人、非碳基智能外星人、非物质笛卡尔式灵

1　这里，我们必须回避关于属性的各类复杂观点："内在"和"外在"对属性意味着什么，内在或外在区分是绝对的还是相对的，一个功能属性的实现者自身是否可以被作为二阶的（相对另一个领域）等等。当然，我们希望我们不必要解决所有这些问题，除非我们用到与我们当前目的有关的概念。

魂、天堂里的天使或者甚至本身无所不知的上帝，都可能存在着对于这些认知者有效的认知或心理状态的偶然经验定律（这确实把“理性心理学”推得太远了）。这是一个富有诱惑力的想法。甚至当我们提到物理实现主义的物质限制时，但是追求认知和心理状态的普遍定律以适用于所有具有认知能力的律则可能的物理系统的那种思想依然是令人激动和神往的。[1]

某一物理属性P是否是心理属性M的一个实现者，这依赖于P所嵌入系统的本质，[2]因为在心理学中，整个系统的输入与输出行为是什么无关紧要，P所扮演的因果角色将依赖于作为一个整体系统的配置（“因果线路”）。例如，在某种生物中，它的组织破坏是否将会造成伤害性神经元的激活明显依赖于生物的神经组织，它的神经纤维激活是否将会触发相应的避趋行为也依赖于生物的神经和运动系统。因此，当相同属性P嵌入到一个不同系统时，这个P不可能实现M。相反，在下列意义上很可能存在着P的功能替代物：假设由于某方面的原因，一个组织的内部例示P的正常机制出现功能紊乱，那么另一个具有适当因果能力

1 也可参见我再版的《随附性与心灵》中《多样实现性与还原形而上学》。

2 除非我们已经考虑到类似悉尼·休梅克（Sydney Shoemaker）意义上的“整体实现者”。对“中心实现”和“整体实现”的有益区分可参见他的《某些类型的功能主义》（Some Varieties of Functionalism），后收录于《同一、原因与心灵》（*Identity, Cause, and Mind*）（剑桥：剑桥大学出版社，1984年）中“中心实现”和“整体实现”的有益区分。也可参见罗纳德·恩迪科特（Ronald Endicott）：《结构可塑性》（Constructival Plasticity），载《哲学研究》（*Philosophical Studies*）74期，1994年，第51—75页。这里的讨论假定输入与输出条件对所有系统都是不变的，它是高度理想化（事实上表明是错误的）的设想。确实，从一个纯粹物理学观点来看，视为疼痛的输入或者输出的东西因不同物种而各异（比如，人与章鱼），甚至人类中间也可能有很大的差异。

的机制就可能取而代之，并提供该生物的M近似实现者。 23

P作为M的一个实现者的地位，从另一个维度来看同样会有所变化：既然P作为M的实现者的资格依赖于它和其他属性的因果／律则关系，假如自然定律有所改变，从而改变P的因果潜在性，就会影响P作为M的实现者的地位。P在这个世界和其他律则上相似的世界中实现M；然而，在那些M的基础域层次上保持不同定律、从而提供不同的因果结构的世界中，那么P就无法满足M的功能规范限定。在这样的世界中，M可能有的实现者完全不同于这个世界的实现者，或者可能根本没有实现者。[1]

尽管实现关系在这些方式上有所变化，然而关注它的不变性同样重要。一旦系统的物理构成和自然的主要规律被固定，那么系统中P是否实现M就固定了。也就是说，假如在系统S中P实现M，那么在所有遵循相同定律并且和相对S不易辨识（即在律则属性方面）的系统中P实现M。像我们大部分人所承认的，假如系统微观结构决定因果／律则属性，可以推出在定律保持不变情况下，实现关系也会在相似微观结构系统中不变。

物理实现论解释心身随附性

假定系统的一个类S有十分相似的微观结构。同种的生物可以构成一个类。假设在类S这样系统中P实现M。根据实现的

1　这里的讨论假定属性的个性化与描述它们的定律无关。这个假定尚有争议，但对涉及的观点进行严格讨论可能有高度的复杂性，可先放置一边。

定义，可推出P是M的充分条件（即，假如一个类S系统在t时例示P，它在t时也例示M）——事实上，假如律则不变性仅是关注实现关系，那么就会推出P是M的律则充分条件。这样，假如〈P_1，……，P_n〉是〈M_1，……，M_n〉的一个实现，从这个意义上看，每个P_i都是MI的实现者，由此M是随附于P的。因而，物理实现论可推导出随附性命题。假定主要定律的实现关系具有
24 相对性，那么导出的随附性命题只有律则必然性效力，没有完全形而上的逻辑或概念必然性效力。这样，在规律不同的世界中，物理上不可分辨性系统可能无法例示相同的心理学。

这意味着，物理实现能给我们一个随附性命题的物理解释：心理随附物理是因为心理属性是物理实现者（不存在非物理实现者）的二阶功能属性。这样，我们就有了心理-物理关联解释。为什么无论何时P在系统S中被实现都例示心理属性M呢？答案就是：根据定义，拥有M就是一个拥有因果条件D的属性，在类似S系统中，P是一个满足条件D的属性（或者是其中之一的属性）。对于类似S这样的系统，拥有M在于拥有P，并不是说，当特定系统例示P，心理属性P就神奇地突现或随附（在“supervene”的字典意义上）。确切地说，对于这些系统拥有M仅只是拥有P。我们甚至可以用过时的还原习语说，对于系统拥有M就“只不过是”拥有P。注意到所有这些解释是律则解释——它们依赖于如下事实，即我们世界中存在着某些定律，这些定律最终决定哪类物理属性是某些心理属性的实现者。因而，从形而上的观点来看，心理属性由物理属性所实现的思想大大超出这样的思想，即心理属性有“物理关联”或者“神经关联”，或者有“物理随附基础”

等。后者不像“实现”，它们不能解释为什么某个心理属性构成或者关联于特定的物理属性，也不能保证诸如“对于适当的系统，拥有M**在于**或者**仅是**拥有P”的还原论论断。

我认为，这些研究用的是科学还原范式中的还原概念。还原一个属性或者现象，我们要根据它与其他属性或者现象的因果／律则关联首先进行功能地建构，或者重构它。还原温度， 25
首先我们必须摒弃把它作为内在属性的思想，而要根据因果／律则关系，从独特的关系上把它作为外在属性来建构，可能类似下面这样的情况：当一物体和另一温度较高物体接触时，它的温度上升（或者促使它的温度上升）；当物体温度较高时，会使得容器中的蜡丸溶化；物体的温度会使人感觉到冷或者热；当物体温度较低时，会使铁变脆；当物体温度特别高时，能使得铁呈现溶化状态。（这些你都会明白。）还有另外的例子：基因就是指因果地负责把遗传特性从父辈传递给后代的生物机制；具有透明性就是具有某类使得光线完全穿透的分子结构；诸如此类。于是，我们经常在宏观层次上发现某些属性或机制能够满足这些因果／律则规定而充当具体的因果角色。多样可实现和律则相对性同样也出现在这些例子中。温度可能在玻璃中是一个东西但在固体颗粒、等离子体、吸尘器中则是其他东西。DNA分子是基因的实现者，但在由不同定律所控制的另一类分子组成的世界中可能也具有基因的因果功能。因而还原具有相对性：在具有不同结构的系统中，实现被还原属性的潜在机制可能是不同的，只有当自然的基本规律恒定时，还原才会有效——也就是说，它只存在律则可能世界中（相对于指称世界)。[1]

刚才所描述的思想与理论还原的标准模型有着重要的区别。理论还原在还原讨论中，尤其是心身还原的可能性中占据主导地位。这就是理论间还原的内格尔模型，其主要原则是定律的推导。[2]按照内格尔说法，还原在根本上是一个证明程序，它通过“桥接定律”即配以连接基本理论的一些定律和目标理论的定律之间的谓词，从前者逻辑-数学地推导出后
26 者。从标准的形式上看，这些连接的桥接定律是双条件式的，它为被还原理论域内每一个属性提供了一个还原基础上的律则共存属性。对于心身还原，内格尔模型要求在所有种类和结构类型中每个心理属性应有一个律则共存的物理属性。这就使得心身还原——事实是所有的还原论——成为很容易的任务。一般都知道，在掀起并将持续升温的反还原论浪潮中起决定性作用的、并且最有影响的反还原论论证是基于如下主张：由于心理属性的多样可实现性，心理属性没有一个物理域的属性与之共存，因而使得心身桥接定律不适于内格尔还原。于是，这个论证被推广为捍卫所有具体科学的反还原

1 因此，这与还原同一是形而上学必然性的主张正好相反，后者与克里普克有关。可参见他的《命名与必然性》(*Naming and Necessity*)(哈佛：剑桥大学出版社，1980年)。这个不同源于下面事实：我把“温度”和类似的词分析成非严格指称词(在克里普克的意义上)。这些术语只在跨越律则可能世界时指称是稳定的；我们可以称它们“半严格”或者“律则严格”。

2 参见《科学的结构》(*The Structure of Science*)(纽约：哈考特、布雷斯和世界出版社，1961年)第11章。

论立场。[1]三十年来，还原论的争论一直围绕是否有恰当的桥接定律适用于所有域的问题。

但这里不是适合争论还原论观点的地方。许多人未曾注意到这样的事实，即内格尔还原模型事实上就是用于理论间的科学解释的亨佩尔D-N模型[2]。正像亨佩尔解释在于被解释现象的描述句子是从定律连同描述有关初始条件的辅助假设的推导，内格尔还原是目标理论从基本理论通过合取作为辅助假设的桥接定律来完成的。所以令人非常奇怪的是，当D-N解释模型在过去三十多年里很少有坚定的支持者时，而内格尔的还原推导模型则在还原和还原论的讨论中一直作为主要的标准。我相信，基于普遍的双条件桥接定律的内格尔式同一还原在科学中很少见的——特别是微观还原的情况——上面所勾画的那类模型不但更多的是实在论的，而且像我们下面文章所提到的，更多适 27
用于形而上学的观点。假如这是正确的，一个属性的还原性完全依赖于它的功能性——无论它是否能够分析为基于基本领域属性上的二阶功能属性——而不是桥接定律的可用性。桥接定律对于还原既非必要也不充分。

后面我们将提到与心身还原、还原论有关的问题（第四章）。目前，我尝试为进一步详细讨论构成心身问题的中心观点特别是心理因果性问题和心身还原问题而作准备。当然有些已经清

1 参见福多（J. A. Fodor）:《具体科学或作为一个工作假说的科学非统一体》（Special Sciences, or the Disunity of Science as a Working Hypothesis），载《综合》28期，1974年，第97—115页。

2 即亨佩尔提出的科学解释中的演绎律则模型的缩写。——译者注

楚明白：（1）假如我们要理解心身关系，我们需要心理属性如何关联物理属性的肯定解释陈述；（2）戴维森的异常一元论不能做到，同样其他类似“个例物理主义”形式也是如此；（3）即使引入心身随附性，也无助于提供这样的解释，因为它本身也需要解释；（4）无论最终正确与否，物理实现主义都希望有这样一个说明——至少，它已经有正确的形式和内容。特别是，通过富有成效地讨论心身还原论问题，它可以提供一个心身随
28 附性的解释，并且指向一个更富有成效的还原模型。

第二章　心理因果性的诸多问题 29

在过去二十年来，给出一个心理因果性说明——特别是解释对于心理如何可能对物理世界产生因果的影响已经成为心灵哲学关注的主题。当然，这个问题并不新鲜：像我们早在哲学课堂上学到的，笛卡尔在解释心身如何存在因果传递的观点上就遭到了来自同代人的强大压力。[1]但这并不是说笛卡尔的问题就是我们的问题。像他的同代人所看到的，他的问题仅只是为了表明他的常识化心身互动命题在他的本体论即存在心和身两个根本不同实体域中怎样站得住脚的问题。笛卡尔在回答时闪烁其词，终究不能给出有效的答案。他的许多同代人，像莱布尼茨和马勒伯朗士就摒弃心理因果性转向实体二元论。然而从坚持心理因果性来看，笛卡尔表达出一个合理的和值得肯定的哲

1 至于皮埃尔·伽桑狄（Pierre Gassendi）对笛卡尔的严重挑战，可参见由约翰·科廷汉姆（John Cottingham）、罗伯特·斯图索夫（ Robert Stoothoff）和杜格尔德·默多克（Dugald Murdoch）主编的《笛卡尔哲学全集》（*The Philosophical Writings of Descartes*）第2卷（剑桥：剑桥大学出版社，1958年）第238页。

学常识——相比他的许多主要对手选择极端的和难以置信的方案来说尤为如此——我认为我们应当记住这一点，另外还有他广为熟知的把心理因果性融贯到本体论的失败。在任何情况下，实体二元论都不是我们当前担心心理因果性的原因，实体的心对我们大多数人来说不再是一个好的哲学选择。

真空中不会产生哲学问题。只有当我们看到我们明确或者默会地接受的假设和预设，或者影响我们的假设方面的承诺存在相
30 互冲突时，问题就明显出现了。因而一个哲学问题的严肃性依赖于两个相关的问题：第一，我们对产生明显矛盾的假设和承诺的依赖程度有多深？第二，把矛盾的假设调和成一个可接受结果的容易或者困难程度如何？这个调和过程可能需要对我们原来的承诺进行认真地修改。除摒弃已有承诺的整个框架之外，达成和解必须进行磋商。哲学并不比真实的生活有更多免费的午餐。

在这篇讲稿中，我想以最简单和最直接的方式去探讨我们当前主要的心理性如何产生的。说到这，我并不是指心理因果性是一个简单的问题。事实上，我们不久就会明白，正是我们多数人认为合理的几组不同假设和原理才使得心理因果性麻烦不断。我将首先描述三个明显给心理因果性带来困难的根源。这意味着我们将面对至少三个不同的心理因果性问题。然而，在本演讲其余部分，我将集中于第三个问题的一个具体样式（“排他性问题”）。这个问题产生于我所称之为的“随附性论证”。我认为这是我们心理因果性的主要问题。之所以用“我们”的心理因果性问题，我是说，这是一个对持广义物理主义看法的任何人都会产生的问题，以至于许多哲学家包括我本人

发现它如此引人关注，至少是貌似合理的和吸引人的。相比而言，其他两个问题（心理异常性问题和外在主义问题）和物理主义没有根本联系。它们大多独立于物理主义的承诺，并产生于物理主义框架之外。我们将会看到，排他性问题不同，是因为它攻击的正是物理主义的核心。我相信，随附性论证抓住了所提到困难的本质。因此对于我们为来说，心理因果性的根本问题是回答这个问题，即心灵如何有可能在根本上是物理的一个世界中发挥它的因果力呢？

我们先从渴望心理因果性的原因开始——对我们来说心理因果性是真实的，这点很重要（有些人会说，它的存在是一个根本的、无异议的承诺）。首先，人类自主体的可能性清楚地要求我们的心理状态——我们的信念、愿望和意向——在物理世界中有因果结果：在自发的行为中，我们的信念和意愿，或者意向和决定必定在某种程度上造成我们的大腿以适当的方式移动，从而引起我们周围的物体重新排列。也就是我们如何设法对付周围的环境，如何写哲学论文，如何建筑桥梁和城市，如何钻透臭氧层。第二，人类知识的可能性预设了心理因果的实在性：知觉，这个我们唯一通往世界的窗户，就需要由我们周围的物理对象和事件引起的知觉经验和信念因果性。推理，这个通过它从我们已经知道和相信的现存积累中而获得新的知识和信念，就涉及由旧的信念对新的信念的因果性；按一般的说法，可以说因果性是传递证据基础性（evidential groundedness）的必要条件。记忆是一个复杂因果过程，它涉及经验、经验的物理储存和信念形式的检索之间的相互作用。假如取走知觉、 31

记忆和推理，你几乎失去了所有人类知识。再进一步，作为一个能够提供人类行为的定律解释的理论科学，心理学的可能性似乎明显依赖于心理因果的实在性：心理现象必定在导致物理行为的因果链条中起着不可缺少的功能。一个在解释中涉及心理现象的科学预先承诺了心理现象的因果有效性；对于任何有一个解释地位的现象，在一个既定情况下它的存在和缺乏都必然有所不同——一个**因果不同**。

毫不奇怪，对于众多哲学家来说，无论来自其他方面的压力有多大，心理因果有效性是某些完全不能摒弃的东西。杰瑞·福多就是其中之一，他写道：

> 32 ……如果下面并不是看上去真实的，即我的愿望因果导致我的到来，我挠痒的渴望因果导致我挠痒，我相信因果导致我才说话……，如果它们没有一个是真实的，那么实际上我所相信的任何事物都是虚假的，这简直是世界末日来临。[1]

假如心理因果性只是一个幻觉，也可能不是世界末日来临，但对于像包括福多和我们大多数在内的人要作为自主体和认知者似乎就是世界末日来临。决定论的问题威胁到人类自主体，怀疑论的挑战威胁到人类的知识。心理因果性问题的风险似乎更高，因为它威胁到抛弃所有自主体和认知者。

1 《使心灵更为必要》（Making Mind Matter More），后收录于《一种内容理论及其他论文》（*A Theory of Content and Other Essays*）（剑桥：麻省理工学院出版社，1990年）第156页。

心理因果性的三个问题

那么是什么使得心理因果性麻烦不断，并促使我们力图“辩护”它的预设和假定呢？我认为目前共有三个学说，且每一个出现都对心理因果性构成明显困难。前两个我们已经很熟悉了；第三个尽管不是新近的，但是已开始得到重新认真思考。第一个是“心理异常论”（“Mental anomalism”），它认为心理现象中不存在因果定律。第二个问题源于计算主义和内容外在论。第三个，我称之为“因果排他性”。每个学说都提出心理因果性的一个不同问题，尽管这些问题在某些程度上有内在关联。一个真正全面的心理因果性理论必须提供一个解决任一问题的办法，这个办法能够同时满足上面三个问题的要求。

异常心理属性的问题

我们先从心理异常论开始。戴维森这个学说坚持心理现象中不存在因果定律（或者按戴维森原话说是“严格”定律）——不存在连接心理事件和物理事件的这样的定律和连接心理事件 33
和其他心理事件的定律。[1]但为什么心理异常论会展示出心理因果

1　戴维森《心理事件》，后收录于《行为与事件论文集》（剑桥：剑桥大学出版社，1980年）。对于支持心理异常论完全不同的思考可参见诺曼·马尔科姆（Norman Malcolm）《记忆与心灵》（*Memory and Mind*）（伊萨卡岛：科内尔大学出版社，1977年）；布鲁斯·戈德堡（Bruce Goldberg），《融贯假说》（The Correspondence Hypothesis），载《哲学评论》（*Philosophical Review*）77期，1968年，第439—454页。

性困难呢？首先困难产生于，当心理异常论与因果关系所普遍接受的律则要求相结合时，[1]定位于一个因果关系中的事件条件必须例示一个因果定律。但这似乎使得心理事件不可能：心理因果要求心理事件例示定律，但心理异常论说不存在心理事件的定律。

戴维森本人的建议是众所周知的，他称之为“异常一元论”。我们曾经把它作为一个心身理论，但发现它是不够格的（第一章）；不过这里我们所关注的是戴维森导致物理一元论的巧妙论证。戴维森说，确实因果关系中的心理事件例示定律，但由于不存在任何心理定律，这只能意味着例示的是物理定律。这表明，心理事件被归入到物理类（或者有真正的物理描述），按照戴维森的主张，由此进一步推出它们是物理事件。这是戴维森的异常一元论的一元论。此论证的一般要点是对于任何进入因果关联中的事件，必定遵循物理定律，因而是物理域中的一部分。因果关系只存在于由物理定律控制的物理事件中间，尽管某些事件可能是心理事件。这个世界的因果结构——存在于这个世界的所有因果关系——完全归于现行的物理定律。心理事件之所以因果有效的，是因为它们等同于物理事件的因果有效性。

但是这个机智的办法并没有得到大多数哲学家的满意。正好相反，只有对于异常一元论为什么缺乏一个心理因果性的说

1 这个条件并非像它通常那样被广泛接受。所有知名的替代方案都有自己的困难，然而，可以公正地说，在众多类型中因果的律则概念仍是“公认观点”。

明，才在戴维森的评论者之中有着惊人的一致。[1]假定处在一个因果关系中的心理事件m是事件e的一个原因。按照戴维森的理论，这个因果关系只有在m和e例示一个物理定律时才会得到。由此， 34
m归入到某个特定物理类N（可能是神经类）中，e归入到某个物理类P中，在类N和P中存在恰当的因果定律。但这明显威胁到心理的因果关联：m是一个心理事件——它是它所是的心理事件的类——的事实明显在决定它所进入的哪种因果关系中不起作用。事件m的因果关系无一例外由它的物理属性的完整性所固定，并且在这幅图景中没有m的心理属性可以或者需要做出的因果工作。[2]假如心理属性被随意地分配到这个世界的事件之中，或

1　引用的一些曾经提到此观点的论文，弗雷德里克·斯托特兰德（Frederick Stoutland）:《间接因果性与行为原因》(Oblique Causation and Reasons for Action)，载《综合》43期，1980年，第351—367页；特德·洪德里希（Ted Honderich）:《异常一元论论证》(The Argument for Anomalous Monism)，载《分析》(*Analysis*) 42期，1982年，第59—64页；欧内斯特·索萨（Ernest Sosa）:《心身相互作用与随附因果性》(Mind-Body Interaction and Supervenient Causation)，载《中西部哲学研究》(*Midwest Studies in Philosophy*) 9期，1984年，第271—281页;金在权（Jaegwon Kim）:《自我理解和合理化解释》(Self-understanding and Rationalizing Explanations)，载《自然哲学》(*Philosophia Naturalis*) 82期，1984年，第309—320页；路易丝·安东尼（Louise Antony）:《异常一元论与解释力问题》(Anomalous Monism and the Problem of Explanatory Force)，载《哲学评论》(*Philosophical Review*) 98期，1989年，第153—187页。戴维森在《思维原因》中捍卫了他的哲学立场。这篇论文收录于约翰·海尔和阿尔弗雷德·米尔主编的《心理因果性》(牛津：克拉伦敦出版社，1993年)。这本论文集也包括金在权、索萨和麦克劳克林对戴维森的反驳。

2　这仍保持着真实，尽管戴维森因果性上所需“严格定律”很弱以至于非严格定律（或者余者皆同定律）——包括非严格心物定律——可以支持因果关系。假定m属于心理类M和存在一个连接M和P（或另一个p属于的物理类P^*）非严格定律。这可能表明M在p的m原因中是有效的吗？很难说，对于假定p的m原因遵守连接N和P的严格定律，还有什么进一步的因果工作留给M或者连接M和P的定律？这是“排他性问题”的一种形式，下面有进一步的讨论。

者甚至心理被完全从世界中移走——这是戴维森的异常一元论明显留下的可能性——那么，这就不会影响到这个世界中事件间的单个因果关系，留下的只是完全无法改变的世界因果结构。这似乎把心理属性带到副现象位置。[1]如此，由心理异常论所触及的心理因果问题就要回答下面问题：异常属性如何能是因果属性？这个问题的解决办法应当必定表明：要么和戴维森相反，心理属性事实上不是异常的，要么是作为戴维森意义上的异常并不能阻挡它们拥有心理的因果相关性或者拥有因果有效性。

已经有些方法尝试在心理异常论的限制下重新恢复心理属性的因果地位。这些尝试大部分采取放松或者在某种程度上绕过因果关系的律则要求的策略。通常的做法是采取下面三种方法中的任一个。第一，你可能试图同意定律并没有那么“严格”，也许是由“余者皆同”句子默许合格的定律，以此把个体事件归入到因果关系之中，进而主张不存在涉及心理属性这类的严格定律。第二，你可能关注某种形式的反事实条件依赖性而不是归属因果定律所提供的因果关系。福多的方法[2]就是第一种策略的个例，而利波尔（LePore）、卢瓦尔（Loewer）[3]和霍根

---

1 麦克劳克林称此“类型副现象论”，出自他的《类型副现象论、类型二元论与物理因果优先性》（Type Epiphenomenalism, Type Dualism, and the Causal Priority of the Physical），载《哲学展望》3期，1989年，第109—135页。

2 福多：《使心灵更为必要》，载《哲学通讯》（*Philosophical Topics*）17期，1989年，第59-80页。戴维森在他的《思维原因》（出自海尔和米尔主编的《心理因果性》）似乎吸收了福多的建议。要明白为什么它行不通，至少对戴维森来说，可参见上面注释6。

3 欧内斯特·利波尔（Ernest LePore）和巴里·洛伊（Barry Loewer）：《心灵问题》（Mind Matters），载《哲学杂志》93期，1987年，第630—642页。

（Horgan）[1]的方法则是第二种策略的个例。第三种方法（它和第二种方法一致）则是定义一个比严格定律所控制的因果上较弱 35 的因果关联或有效性的概念。这种方法的一个版本是近来戴维森[2]所提供的，它试图引入心理对物理的随附性去解释心理的因果关联。但是，如下所述，心身随附性自身可以被视作导致了心理因果性的困难。

外在心理属性的问题

我们先从“句法主义（syntacticalism）”开始。句法主义认为只有心理的“句法”属性而非“语义”属性（或者“内容”或者“表征”）可以是因果相关的——特别与行为因果相关。[3]考虑到进一步假设一组重要的心理状态的心理性像信念和愿望存在于它们的语义或者表征特征之中，句法主义明显使我们得出如下结论：心理状态的意向属性和构成心理性的属性是因果相关的。但是促使我们认真对待句法主义的是什么呢？

自然，句法主义是在计算主义背景下产生的。计算主义是一

1　特伦斯·霍根（Terence Horgan）：《心理谜题》（Mental Quausation），《哲学展望》3期，1989年，第47—76页。

2　戴维森：《思维原因》，载海尔和米尔主编的《心理因果性》。对于最早试图利用随附性解释心理原因的，可参见我的《副现象与随附因果性》（Epiphenomenal and Supervenient Causation），载《中西部哲学研究》9期，1984年，第257—270页；后收录于《随附性与心灵》。在《随附性与心灵》第358—386页，我解释了为什么我现在认为这种方法不恰当。

3　参见斯蒂芬·P. 斯蒂克（Stephen P. Stich）：《从民间心理学到认知科学》（*From Folk Psychology to Cognitive Science*）（剑桥：麻省理工学院出版社，1983年）。

种竭力要求我们把心理过程看作是建立在数字计算机内部表征、信息处理模型之上的计算过程。显而易见，计算过程——也就是构成计算的因果过程——和所使用的表征或数据结构的句法有关而不是和语义有关，正是句符的形式而不是句符的意义决定计算过程。是否某个1和2的字符串意味着当地超市牙刷的数量清单、普罗维登斯今天正午的大气压力和飞机着陆的高度或者根本什么也不涉及，这均无关乎计算。同样，假如心理活动是对信念、愿望等等类似状态的计算过程，这似乎是说因果相关的是这些状态
36 的句法形式，而不是它们的表征内容。[1]

这里的根本问题自然要把计算主义与谈论具有某种句法和语义的内在心理语言区别开来。物理行为的内在原因必定随附于此时的自动体或生物的整个内在状态。[2]假定两个生物在某时存在完全相同的内在状态，因而将有相同的运动输出，这是合情合理的。然而，内在状态的语义属性并非通常随附于它们的**共时内在**属性，因为作为一个规则它们涉及到关于生物历史和生态条件的事实。[3]这样，两个生物虽然在某时的全部状态具有

---

1 要想了解这些观点的明确发展，可参见内德·布洛克《心灵会改变世界吗》，载乔治·布鲁克斯主编的《意义与方法》(剑桥：剑桥大学出版社，1990年)。

2 此论证更为详尽的内容，可参见斯蒂克：《自主心理学与信念-愿望命题》(Autonomous Psychology and the Belief-Desire Thesis)，载《一元论》(*The Monist*)61期，1978年，第573—591页。

3 有许多著名的研究支持这类观点，可参见类如普特南：《“意义”的意义》(The Meaning of “Meaning”)，载《哲学选集》(*Philosophical Papers*)第2卷(剑桥：剑桥大学出版社，1975年)；泰勒·柏吉(Tyler Burge)：《个体主义与心理》(Individualism and the Mental)，载《中西部哲学研究》4期，1979年，第73—121页；斯蒂克：《自主性心理学和信念-渴望命题》；金在权：《心物随附性》，载《哲学研究》41期，1982年，第51—70页。

相同的内在属性，但是在它们所例示的语义属性方面有所不同；它们也会在它们的信念和愿望的内容方面有所不同，也会在它们的同音谓词的外延和它们同音句子的真值条件方面有所不同。但是从表面上看，这些语义差异将不会在行为输出上有所不同。一般内容的归属具有外在或关系维度，这个认识是过去二十年来心灵哲学和语言哲学做出的最突出的贡献之一。[1]地球上的你可能有水是湿的信念；然而，假定在孪生地球上有一个完全物理上复制的你，他相信XYZ是湿的，而不是水是湿的。当有适当的光学刺激时，地球上的青蛙有这样的“信念”：一只飞虫正在进入它的视野（或者无论怎样，它“看到”飞虫）；在另一个没有飞虫的星球上，当同样的刺激出现时，青蛙就不会有“飞虫”的信念，或者至少没有处在表征飞虫的状态——它们“相信”是一只“小黑蝙蝠”进入了它的视野（这个小黑蝙蝠是其他星球上青蛙的主食）。因此，一个生物的某种意向状态例示特定的语义属性是一个关系事实，这个事实主要涉及生物和各种外在环境和历史因素的关系。这使得语义属性是关系的或者外在的，然而我们希望在行为结果中的因果属性是生物的非关系的或者内在的属性。假如内在状态暗含于行为因果性中，所有因果工 37
作似乎是由它们的“句法”至少内在或本质的属性所做的，它们的语义属性在因果上是多余的。因而由句法主义所提出的心理因果性问题就要回答下面问题：**在行为结果中的外在、关系属性如何是因果有效的？**

1　这归功于普特南、克里普克、柏吉和其他人。

因此，问题症结在于下面假定的事实：心理属性尤其是内容属性（例如，拥有信念P）是关系属性，它外在于例示它们的生物，然而我们却希望行为的因果属性是内在的和内部的。[1]

因果排他性问题

我所关心的第三个也是最后一个心理因果性问题源于下面的推定：假如我们以某种方式把一个心理事件如何会是物理事件的原因的说明和一个如何满足异常心理属性与句法主义问题需求的说明合并起来。于是，假设出现在 t 时的心理事件 m 引起物理事件p，同时让我们假设，这个因果关系是借助于m是心理类M的一个事件，而p是物理类P的一个事件这个事实而存在的。那么，p也有一个在t时的物理原因即一个某些物理类N的事件吗？

承认心理事件m（在 t 时出现）是物理事件p的原因同时又否认p在t时有物理原因，这明显违背物理域因果闭合原则，将会陷入笛卡尔的交互二元论，即一个单一因果链中的物理事件和非物理事件的混合。但是承认p在t时也有物理原因p^*会引出一个问题，留给m所归属的因果工作是什么呢？因而，物理原因危及到排除和取代心理原因。这是一个因果排他性问题。因而，那些试图坚持一个心理实在论的反还原物理主义者必须给出一

1 关于有内容的心理状态的因果或解释有效性问题的富有启示性和有益性的讨论，可参见林恩·拉德尔·贝克（Lynne Rudder Baker）：《解释性态度》（*Explaining Attitudes*）（剑桥：剑桥大学出版社，1995年）和皮埃尔·雅各布（Pierre Jacob）：《心灵会做什么》（*What Minds Can Do*）（剑桥：剑桥大学出版社，1997年）。

个心理原因和相同事件的物理原因如何彼此关联的说明。像戴维森异常一元论这样的个例物理主义是不充分的，因为问题最终涉及心理**属性**的因果有效性，并且反还原论排除了它们和物 38 理属性的还原等同。如此，因果排他性问题就要回答这个问题：**假定具有一个原因的任何物理事件都有一个物理原因，那么心理原因是如何也是可能的？**

我认为目前产生在心灵哲学争论中的三个心理因果性问题有三个根本思路。这意味着确实存在着三个分开的问题，尽管这并不排除用一个统一的方法来解决。像我最先所讲的，这里我不打算直接处理前两个问题，我想做的是用一个更为具体和详细的方式来研究第三个排他性问题，即集中于我们在第一讲中讨论的两个命题：心理的随附于物理的和心理的实现于物理的。我希望揭示心身随附性和物理实现主义怎样导致明显的心理因果性困难。在下面一讲中我将讨论物理实现主义如何通过心理属性的根本还原打开了物理世界的因果结构以容纳心理的可能性，尽管这个打开可能证明不能充分包容所有心理属性。

随附性论证或者笛卡尔复活

在第一讲中，我说过心身随附性有助于定义弱物理主义——它是弱意义上的承诺，任何自称物理主义的人都能接受。我们也看到心身随附性是由物理实现主义推导出来的，也就是说，心理属性是根据物理系统中的物理属性的实现来例示的。同时，突现论也表明了心身随附性主张：假如两个系统在物理上整个相似的，我们应当认为出现的或者无法出现的心理属性彼此相同。

39 现在让我们转向一个论证，目的在于表明心身随附性本身导致了心理因果性上的许多明显困难。像我早先所说的，假如我们把心身随附性命题定义为弱物理主义，那么此论证将表明这些困难通常会困扰物理主义——也就是说，即使最弱形式的物理主义也必定以这样或那样的方式接受这个论证。假如这是对的，摒弃笛卡尔的实体二元论并不能使我们逃出心理因果性这个丛林。确实，作为对主流物理主义的一个严肃挑战，近来心灵哲学一个重要发展就是回到心理因果性问题，这也是应当让笛卡尔开心的一个现象。

我将着手分析一个明显导致心理因果性无法理解的两难方式的论证。本质上，这里所提出的论证只是心身随附性叠加到因果排他性问题上的结果。我们先列出这个两难困境：

（1）心身随附性要么成立要么不成立。

但是心身随附性主张什么呢？让我们重述一下心身随附性命题：

心身随附性 心理属性随附于物理属性，即假如某物在t时例示任一物理属性M，存在一个物理基本属性使得某物在t时有P和必然在t时具有P的某物都在此时有M。

注意到一个基础属性对于随附属性是必然充分的。这里所说的必然性一般可以视为至少是律则必然性——以至于假如心身随附性成立，它在所有和我们的世界分享相同自然根本定律的世界都是成立的。

现在回到（1），我们简要地探讨两难困境的第一个方面：

（2）假如心身随附性不成立，就没有可行方法去理解心理 40
因果可能性。

按照杰瑞·福多的话说，“假如心身随附性成立，理解心理因果性便顺理成章”。[1]据我所知，他从来没有解释他为什么这样（不只一次地）说的原因。福多并不是单个把心理因果性的命运寄托在随附性之上的人。例如，霍根就主张感受性的物理随附性，只有如此方能保证感受性的因果有效。[2]但是，联接随附性和心理因果的确切东西是什么呢？我认为，物理主义接受（2）的最简单和最明显的原因在于她相信**物理域的因果闭合**，这个已经在前面作了简单的介绍。说明物理因果闭合原则的一个方法就是：假如你挑选一个物理事件并探求它的因果前件或后件，它们将从来不能跳出物理域。也就是说，没有因果链条会跨越物理的和非物理之间的界限。笛卡尔的交互二元论明显违背此原则。假如你拒绝这个原则，事实上你就是拒绝了物理学的完备性原则，即可能存在着关于所有物理现象的完备且全面的物理理论。你可能会说，任何物理域的完备解释理论必定涉及非物理的因果施动者（agents）。且不说存在一个关于所有事物的完备物理解释；甚至不可能存在一个所有物理事物的完备物理解释。可以充分肯定，没有什么严肃的物理主义者会接受这样一幅前景。

1 《心理语义学》（*Psychosemantics*）（剑桥：麻省理工学院出版社，1987年），第42页。

2 霍根：《随附感觉性》（Supervenient Qualia），载《哲学评论》96 期，1987年，第491-520页。

现在，假如心身随附性不成立——也就是说，假如心理域自由地飘浮，无法降落在物理域内，那么从心理到物理的因果将会明显地违反物理因果闭合。依靠提供给心理现象这样一套物理条件，即对于心理现象（至少）律则充分的并且是心理现象出现所依赖的条件，心身随附性使每个心理现象都根植于物理域内。
41 据此可以推出这样的命题：除非有恰当的物理基础条件存在，否则没有心理现象能够出现，也没有心理属性能够例示。任何心理事件，如像疼痛或瘙痒的感觉，或者像信念或渴望的意向状态必定有个物理基础：它之所以出现是因为相应的物理基础出现了，假如缺乏这样的物理基础，那么它将不会出现。[1]假如你想用实现这个术语来说，那么这些谈论也同样真实。假如任何心理属性得到例示，是因为而且只是因为它的物理实现者之一被例示，那么心理出现对物理出现就有一个相似的依赖性。

无论怎样，心身随附性把心理现象带入到物理范围之内：物理的决定心理的，但是在某种意义上讲，心理的不能构成本体论上独立的域，不能从外面给物理域施加因果影响力。现在心身随附性是否使得心理*充分接近*物理以保证心理因果性避开物理因果闭合的限制，这是另外一个问题。[2]但是在这里我们会避开这个问题，因为如果答案是否定的，那么这将只能表明心身

1　就内容宽理论，宽内容状态将不随附于对象的内在物理属性，但物理主义将会否认它们随附于对象的外在或关系的物理属性。在当前文章中，我们将忽略由内容宽理论所引出的问题。也可参见注释17所引用的贝克和雅各布的作品。

2　关于此观点可参见我的《心理因果性附言》（Postscripts on Mental Causation），载《随附性与心灵》（剑桥：剑桥大学出版社，1993年）。

随附性不足以给出我们一个依靠物理来解决心理因果排他性问题的方法。然而随附性背后存在着一个更为严重的问题：心身随附性可能本身是问题的一个根源。也就是说，心身随附性远非像福多、霍根所希望的那样是解决问题的一个部分，很可能证明恰是问题存在的一部分。现在让我们看看这个可能性。

（3）假定心理属性M的例示使得另一心理属性M^*被例示。

因此，这是一个心理–心理的因果实例，其中一个心理属性的例示使得另一个心理属性的例示。我们把属性的“实例”（instances）或者“例示”（instantiation）作为事件、状态或者现象。为了简便起见，我将会经常谈及一个属性引起另一个属性；这可以理解为意指前一个属性的**例示**引起后一个属性的**例示**。[1]重 42
新回到我们的论证，我们会从这个随附性的前提（2）推出：

（4）M^*有个物理的属性基础P^*。

现在我们提问一个关键性的问题：M^*的例示从何而来？在一定场合下M^*怎样例示的？这里明显有两个可能答案要考虑：

（5）在一定场合下M^*被例示：（a）是因为从假设出发，M引起M^*被例示；（b）是因为作为M^*的物理属性基础的P^*在此场合下被例示。

我希望你会像我一样看到这两个答案之间存在的张力：在心身随附性假定之下，M^*的出现是因为它的随附基础的出现，而只要P^*的出现，M^*必定出现，无论先于M^*这个例示出现什么

1　严格说来，这还远远不够：它必须更进一步，即一种例示引起另一种例示仅当事实上前者是一个F-例示，后者是一个 G-例示。

事件——尤其是，不管M的一个例示是不是先于它。这使得M作为M^*一个原因的主张处于危险境地：P^*似乎单独地完全负责和有能力解释M^*的出现。[1]只要P^*或者M^*的其他基础属性出现，那么就绝对保证M^*的出现，除非在此场合下有这样一个基础，否则M^*根本不可能存在。假定如此，任何事物在M^*的因果性中有一个角色的方法只能必然通过它与M^*随附基础P^*的关系来实现，按照我的看法，在M作为M^*的一个原因的主张和M^*有P^*作为它的随附基础的事实之间，调和它们的唯一方法只能接受：

（6）M通过引起P^*而引起M^*。这就是M的例示如何引起M^*在这个场合下被例示。

这里可能涉及一个貌似合理的普遍原则。即使你没有看到（5）中的张力，它仍然能充分证明（6）。这就是：**要导致随附属性被例示，你必须要使它的基础属性（或者它的基础属性之一）**
43 **被例示**。要缓解头痛，你要服阿司匹林：也就是说，你因果地干涉了头痛所随附的大脑过程。这是我们对付头痛的唯一方法。为了使你的画更漂亮、更富韵味或者更加生动逼真，你必须在画上做物理的工作，从而改变你想要改善的美学属性的物理随附基础。根本没有使得你的画更美或者不美的直接方法，要想从美学上改变它，你必须要从物理上改变它——没有其他办法。

但是要注意到（6）的主张。它认为心理属性M使得物理属性P^*被例示。这自然是一个心理对物理因果性的例子。迄今为

1 这个论证是基于我称作的“因果或解释排他性原则”，例如，参见我的《机制、目的与解释排他性》（Mechanism, Purpose, and Explanatory Exclusion），后收录于《随附性与心灵》。

止，我们的论证表明：在心身随附性假设下，心理对心理因果性暗示或者预设了心理对物理因果性。因此我们现在所面对的问题是：我们是否能够理解心理与物理的因果性——更确切地说，是在心身随附性的预设之下。[1]

回到（6）：我们看到，基于心身随附性假设，可以推出：

（7）M本身有一个物理随附基础属性P。

现在我们必须比较一下M和P相对于P^*的因果地位。我相信，当我们反思这一点时，我们开始明白把P作为取代主张M是P^*的一个原因的道理。假如你把因果性建立在律则充分性上，P就有资格是P^*的原因，因为既然P是M的充分条件，M就是P^*的充分条件，P就是P^*的充分条件。假如你选择依据反事实条件来理解因果性，进而就有好的理由让我们认为P是有资格的：如果P不能出现，M应当不会出现（我们可以不受影响而推定：在此场合下不存在M的替代物理基础），同时假定如果M没有出现，P^*应当不会出现，我们可以合理地推断，如果P没有出现，P^*应当根本不会出现。[2]

看来我们现在拥有了过多的原因：M和P似乎各自都有资格
称为P^*的一个充分条件。由于考虑到这种情况涉及到一个从P到 44
M进而到P^*的因果链条，而其中M是一个中间因果链环，当然不可能避免因果多元决定。因为P到M的关系不能乐观地作为一个因果关系；一般说来，基础属性和随附属性之间的关系也不能

1 我们可能从（6）开始作为我们心理因果性的初始前提。从（3）开始则表明这个观点适于心理—心理原因以及心理—物理原因。就心身随附性的预设，依我看，前者像后者一样都是有问题的。

2 当然这不是假定一般反事实传递性。

乐观地作为因果来分析。[1]对于一个事物来说，相关属性的例示全部是即时的，然而，即时原因一般被认为出现在结果之前；其次，设想随附属性和基础属性间通过中间链环有这样一个因果链条是很困难的，可能也是不合逻辑的。什么样的中间过程能够把一幅图画的美和其物理属性连接起来？什么样的中间事件能够因果地把一个心理事件和其随附物理基础连接起来？是否这样的中间物本身就是心理的或者物理的？而且，从目前来看，把M看作P^*的非物理原因这种因果链方法将违背了物理域因果闭合，是一种排除掉物理主义的选择。

把M和P合在一起看作构成P^*的一个单独充分原因似乎也是不合理的。这有两个原因：第一，单个P是P^*是因果充分条件，同样M也是如此。很难说M和P合在一起会有比单个M或者P更强的因果力。第二，只有假定这个方法宣称M是P^*的原因中的必要构成时才是合理的，但根据因果链的主张，这意味着它违反了物理因果闭合原则。对于P^*在此情况下例示的原因的完整因果解释将不得不提及非物理因果施动者M的存在，另外还有P。

最终，把这个简单地视为一个因果多元决定的情况是不可能的，即P^*的例示是由两个充分原因P和M因果多元决定的。除了它导致每个心理因果情形成为一种多元决定情形这种难以置
45 信的结果外，这种方法还面临两个困难：第一，在用一个物理原因取代任何心理原因时，很明显使得心理原因在任何情况下

1 约翰·塞尔是反传统的哲学家之一。他认为基础属性“引起”随附属性。参见他的《心灵的再发现》（剑桥：麻省理工学院出版社，1992年）。

都是不必要的；第二，这个方法和物理因果闭合是相矛盾的。假定有一个世界，不会出现物理原因，但是在其他方面可能非常类似我们的世界。多元决定策略认为，心理原因引起一个物理事件——也就是说物理域因果闭合原则不再成立。我认为我们不能接受这样的结果，即类似这样的一个最弱反事实假设会引起世界的一个极大改变。

对我来说，看待这个立场最自然的方式就是：

（8）P引起P^*，且M随附于P以及M^*随附于P^*。

这解释了M-例示和M^*-例示之间以及那些M-例示和P^*-例示之间的观察规律性。[1]这些规律性决不是偶然的；它们明显是以定律为基础的，甚至能够满足恰当的反事实条件。然而，如果我们理解一面是真实、生产和生成的因果过程和另一面是因为寄附于实在因果过程而可以观察到的非因果规律性这两者之间的差异，我们就能理解由（8）所提出的图景。在假定的M-M^*因果情形中，此立场颇类似于一辆行驶的汽车所洒下的一长串影子：分别作为这辆行驶的汽车的一个结果，此时的影子和随后的影子间没有因果关联。这辆行驶的汽车表征出一个真实因果过程，但是它所洒下的一长串影子，尽管可能有规律和似律则，本身却不能构成因果过程。[2]因此我们得出：

1　然而注意，这些规则可能在普遍性上是有限的。理由是M选择的随附性基础不能被作为引起P^*，进而引起M^*。

2　区分“因果过程”和“伪过程”可参见韦斯利·西蒙（Wesley Salmon）：《科学解释与世界因果结构》（*Scientific Explanation and the Causal Structure of the World*）（普林斯顿：普林斯顿大学出版社，1984年）。

（9）M对M^*和M对P^*的因果关系只是表面的，这源于由P对
46 P^*的一个真正因果过程。

由此导致一个二难境地：

假如心身随附性不成立，心理因果性就是无法理解的；假如它成立，心理因果性也是无法理解的。因此心理因果性是无法理解的。

那么这就是反对心理因果性的随附性论证，或者说是反对物理主义的笛卡尔复活。我相信，这个论证怀疑心理因果性在为它自己设定的参数范围内存在的可能性，从而对物理主义，提出了严重的挑战。笛卡尔的困难缘于心理和物理实体的二元性。当代自称为“非还原物理主义”的主流物理主义，由于对心理和物理属性的二元性承诺而无法承诺一个心理属性的还原主义，从而碰到相同的困难。这是因为，它很明显使得随附性论证得以展开的默认假设就是心身反还原论；假如心理属性被认为可以采用一个恰当方式还原到物理属性，那么我们就期望能够消除这个论证（尽管具体细节仍需要解决）。

前述论证引出一个很好的问题，它就是：难道同一论证不是也表明了随附于基础物理属性的属性是副现象的，或者它们的因果有效性是无法理解的吗？然而，我们似乎有更充分的理由认为像地质属性会随附于基础物理属性，但是，如果心身随附性可以显示出心理因果性受到了威胁，那么对于地质属性来说难道不应当有同样的担忧吗？可是，似乎没有人会去担心地

质因果性，证据似乎表明也没有理由去担心。假定如此，难道我们不应当推出前面部分的论证中必定存在着某些错误吗？[1]

我将在后面留下的两讲中详细地解决这个问题。然而，就我看来，这里问题的核心是：对于诸如地质和生物等属性，从直觉上我们更愿意接受一个与基础物理属性关联的还原论图景。我相信，这甚至对于明确宣称下面主张的哲学家也是真实的， 47
虽然他们认为在广泛层次上，与低层关联的所有层次是反还原论的，所谓地质属性和生物属性如同心理属性一样不能还原到基本物理属性。很明显，他们关于心理属性的反还原论有可能比起关于其他那些“高层”物理属性的反还原论要更为正确。

我们将在最后一讲中研究还原论的出路。现在让我们转向考虑某些现实中的哲学立场，它们好像更易于受到我们已经建构论证的直接攻击。

塞尔、福多和随附性论证

现在我想指出，近来由两个著名心灵哲学家所提出的主张

1　有些哲学家确实已经提出了这些问题（尽管不必然直接反对我们第一个论证），例如，贝克：《形而上学与心理因果性》（Metaphysics and Mental Causation），载海尔和米尔主编的《心理因果性》（牛津：克拉伦敦出版社，1993年）；罗伯特·范·古里克（Robert Van Gulick）：《意向属性副现象论的三个坏论证》（Three Bad Arguments for Intentional Property Epiphenomenalism），载《认识》（*Erkenntnis*）36期，1992年；路易丝· M. 安托尼（Louise M. Antony）：《作为一个心灵实在理论异常一元论的不完备性》（The Inadequacy of Anomalous Monism as a Realist Theory of Mind），载G. 普赖尔（G. Preyer）、E. 西贝尔特（E Siebelt）和A. 乌尔菲戈（A. Ulfig）主编《语言、心灵与认识论》（多德勒克：克吕韦尔学术出版集团，1994年）。

明显无法抵挡随附性论证的攻击。在《心灵的再发现》[1]中，约翰·塞尔提出一个立场，他称为“生物自然主义”。概而言之，它是这样一种观点，即心理属性包括客观和质的特征都是自然生物现象，与消化和生殖没有什么根本区别。特别是塞尔坚持心理属性是生物现象引起的，大致推断就是大脑中的神经过程引起的，因而使得心理属性具有了“大脑的特性”。尽管塞尔有时使用“随附”和“突现”，但是他赋予它们高度个人化的因果理解。无疑，当其他人认为心理属性随附于或者突现于其潜在神经基础时，塞尔则提出心理属性是由低层过程引起的。

塞尔是一个心理实在论者，主张心理因果有效性，尤其是意识的因果力。据其说法，“意识能做好多事情”，“意识能使生物作用于世界，并改造世界”。[2]如上所述，塞尔用随附性术语取
48 代因果术语，并将根据因果性而不是随附或者突现（在标准意义上）来描述心理属性和它潜在神经关联物的关系。然而并不难看出，它并不会使塞尔摆脱随附性论证所引出的困境。假设一个心理属性M的一个例示引起另一心理属性M^*被例示——按照塞尔的说法是一个“来自于宏观与宏观的从左到右”的例示。[3]（这对应于随附性论证中的第3步）据塞尔的生物自然主义，每个心理现象是由一个神经生物现象引起的，此意味着M^*的例示是由某种神经属性P^*（例示）所引起（第4步）。我们现在必须要问：M^*的例示来自何处？M^*在此情形下如何得以例示？

1 塞尔：《心灵的再发现》（剑桥：麻省理工学院出版社，1992年）。

2 《心灵的再发现》，第107页。

3 《心灵的再发现》，第87页。

据此，我们有两个回答：（1）根据推测，M^*是由M的例示引起的，（2）根据塞尔的生物自然主义，M^*是由神经属性P^*所引起的。如此看来，M^*的例示似乎是多元决定的，并可适用于所有心理现象。很明显，我们需要一个合理的回答，它要融合（1）（2）并且不能使任何心理-心理因果性的情况变成一个因果多元决定的情况。从现在起，我们会继续进行早先发展的论证而不做大的变动。

对于这类论证，塞尔回答如下：[1]

> 这是简单的多元决定论吗？根本不是。同样的系统可以在不同层次上描述，……简言之，同样系统允许在不同层次上进行不同因果描述，它们均是一致的并且没有一个意味着要么多元决定的要么违反因果闭合的。
>
> 假定，我现在有疼痛的意识感觉。这是神经激活的模式引起的，并实现于神经系统。假定此疼痛引起去取一片阿司匹林的一个愿望。这个愿望也是由神经激活模式引起并实现
> 于神经系统中……我可以真诚地讲，我的疼痛引起我的愿望 49
> 同时又是神经激活序列引起另一神经激活序列。在不同层次上给出的相同系统存在着两个不同但是一致的描述。

那么按照塞尔的观点，我们无需担忧多元决定论而会确信

1　出自《意识、大脑和关联原则：答复》（Consciousness, the Brain and the Connection Principle: A Reply），载《哲学和现象学研究》（*Philosophy and Phenomenological Research*）55期，1995年，第217—232页。引用的文章来自于第219页。

下面所有的内容：（1）M（疼痛）引起M^*（服用阿司匹林的愿望）；（2）P（神经激活序列）引起P^*（另外的神经激活序列）；（3）P引起M；（4）P^*引起M^*。塞尔向我们保证，这是完全正确的，因为（1）（2）是“在不同层次上给出的相同系统的描述”。可以肯定的是，这是一个人身处此境时会有的看法；尚不清楚的是，塞尔是否可以或者应该希望做出这样的看法。至于说“疼痛引起服用阿司匹林愿望”“神经激活P引起神经激活P^*”是相同状况的描述，[1]它看似合理的条件仅当：你打算假定“疼痛”“神经激活”是相同现象的描述（在“不同层次”上），“服用阿司匹林的愿望”和“神经激活P^*”也是相同现象的描述——更准确地说，只有你愿意假定疼痛＝神经激活P，而对阿司匹林的渴望＝神经激活P^*。

从我本人来讲，我认为这不是一个标新立异的举措；事实上，假如心理事件在物理世界中会有真实的因果角色，就可以很好地证明，唯一可行的观点就是某种形式的还原论。但让我们重新回到塞尔那里：毋庸置疑，此类心理神经同一陷入了塞尔所谓的神经激活P引起疼痛，神经激活P^*引起服用阿司匹林的愿望。假如这些因果主张成立，“疼痛”和“神经激活”就不是相同现象的描述，对另外一对也是如此。当然塞尔认为这些描述是“在不同层次上”。但这会意味着什么呢？这会有什么不同？塞尔需要提供一个合理的因果本体论和语言以保证他的心

1 在引文中，塞尔说的“相同系统”而非“相同情况”。但无疑前者说法是不充分的，为了回答达到预期目标他必须说到后者。

身关系的核心主张是可理解的和一致的。同时，可能也是最重要的，我们完全不清楚，这个关于疼痛和神经激活的讨论是关于 50
完全相同的现象但只是在不同层次上的观点如何与塞尔所标称的心理“主观本体论”和意识非还原性的主张相符合的。但这并不是我们在这里要考虑的问题。

现在让我们转向福多。在近来的一篇试图捍卫心理的因果有效性论文中，他写道：[1]

> 根据目前的看法，由基本科学定律所反映的属性具有因果能力，具体科学定律所反映的属性也同样如此，……尤其要注意的是，既使具体科学所谈及的属性随附于基本科学所谈及的属性，这并不能推出具体科学所谈及的属性是副现象的。

很明显，随附性论证肩负的任务就是：事实上，具体科学属性对基础科学属性的随附性提出了，至少是可以推断出这样的结论，即具体科学属性会受到副现象论的威胁。但是，福多为何坚信我们能在具体科学属性的随附性和因果有效性方面做到两全其美呢？我们就上面提及的文章段落继续引用下去：

> 这是不可能的，至少假如存在具体科学的因果定律。具体科学和基础科学的因果定律的共同之处在于它们都有因果能力描述的资质。

1 《使心灵更为必要》，第66页。

我们可以推断，福多主张存在着具体科学的定律，即用一个合乎定律的模态力来表述的“F事件总是有规律地紧随于G事件之后”的形式陈述，其中F和G是一个具体科学中的属性或者类。这些定律可能支持反事实条件件，可用于预言，甚至能提供有用的解释。[1]但是否存在“根据F属性被例示，F事件引起G事件”形式
51 的因果定律则是有争论的问题。这个问题使我们正好回到随附性论证；因为来自随附性论证的压力在没有被满意地解决之前，我们是没有资格把具体科学定律作为独立自主的因果定律。

布洛克二阶属性的烦恼

斗牛士斗篷的红颜色刺激了公牛（或者发生的诸如此类的事情）——也就是说，它引起了公牛发怒。但红斗篷的刺激性——拥有一些刺激发怒的属性或其他属性的“二阶属性”——也是公牛发怒的原因吗？一粒速可眠药丸的某种特定化学属性会让你入睡。这个药丸也有安眠性（*dormitivity*），即拥有使人入睡的某些或其他一些属性的二阶属性。质言之，这是一粒“安眠药”。药丸自身的安眠性也是你入睡的一个原因吗？

内德·布洛克在近来的论文中表达了对此问题的烦恼，[2]我相信研究这些烦恼是理解实现关系例如随附性关系如何导致心理因果性问题的最好方法。无论如何，布洛克所烦恼的问题在于：

---

1 然而在这点上，可参见我在第3章“程序解释”的讨论。

2 《心灵会改变世界吗》。

他认为对这些问题的回答是没有正确答案的（也就是说，斗篷的刺激性除了红色之外并不是惹公牛发怒的一个原因）；根据他所支持的心理属性的功能主义概念，[1]心理属性可能处于同样的境遇——它们也是由拥有某些属性或者其他满足一个特定因果规定的属性而构成的二阶属性。按照功能解释，疼痛的存在就是一种正在例示的某些属性或其他大概为神经生物属性的二阶属性，它引起了畏缩、哭喊、大腿收缩等类似活动。果真如此，除了疼痛的神经实现者之外，疼痛自身能被作为哭喊和畏缩的一个原因吗？

假如布洛克的烦恼是有充分根据的，功能主义就更麻烦了：心理属性将会面临着失去因果力的危险，一个事件被归入到一个给定心理类别（例如，疼痛）的事实将和它引起的结果无关。 52
简言之，功能主义可能证明是副现象论的一种，那种把认知科学看作提供了高阶、形式／抽象认知层次上自身独立的定律化因果解释而成为一个自主的具体科学的公认（“权威”）看法面临着随时坍塌的危险。具有讽刺意味的是，事实上曾经引发并推动的明确认知科学概念的正是功能主义，具体来说，它把认知科学所研究的属性视为一种从实现它们的认知系统的具体物理／生物细节中抽象出来的二阶属性。

1　对，可能有一点。按照布洛克在文章中表述，多年以来他在功能主义上是相互矛盾的。尽管他在澄清功能主义学说方面做了大量工作，以保持一致性和合理性，但是他也做出了不利于功能主义的反对言论。我相信，这确实是矛盾的问题；据我看来，布洛克是从认知心理状态得出功能主义的，但看到它如何适用于感觉或质的状态（感受性）是不容易的——这个立场极似我在这些演讲中所赞成的立场。

至少有点奇怪的是，为什么说斗篷除了红色之外其刺激性是公牛发怒的一个原因呢？布洛克似乎有两个明显的理由，但只有一个是他决定严肃对待的。首先，布洛克的严肃理由是，根据定义，作为刺激性（与公牛有关的）的斗篷具有刺激公牛愤怒的属性。这似乎使单个因果归属是分析意义上或者是定义上真实的，但我们期望这样的归属是偶然的和经验的。我们后面将会探讨这一点。其次，布洛克最终没有严肃对待的一点是：把斗篷的刺激性和颜色作为原因似乎导致一果多因——换句话说，是因果多元决定。对于公牛的发怒将有两个相异的原因，即斗篷的颜色和刺激性。（注意：这类似于随附性论证中从（7）到（8）的推理）

但为什么布洛克认为因果多样性不是一个真正的问题？他说："通常下，我们更易于接受多元决定论是因为在其他条件相同时要求偶同是错误的。"[1]我们同意布洛克的意见，不像因果多元论范式情形（例如，两颗子弹同时击中一个人的心脏），斗篷的两个基本属性红色和刺激性并不是偶同的（因为大致可以推断它的刺激性依赖于它作为红色的存在）。但仍不清楚布洛克为什么认为这混淆了问题。可能布洛克推断如下：在标准
53 的多元决定论情况下，多元决定的原因是独立的事件——两个或多个独立的因果链，每个都是因果充分的，最后汇成一个单个结果。相反，在斗篷的颜色和刺激性中，我们没有证据表明有两个独立的原因：作为二阶属性的刺激性的例示独立于红色的例示。然而，尚未清楚的是它避免困难的原因：假如斗篷颜

1 《心灵会改变世界吗》，第159页。

色就自身而言是公牛发怒的充分原因（至少在此情况下是充分的），那么还有什么**更多**因果作用留给刺激性呢？它自身具有什么特别作用能使斗篷的刺激性成为发怒的原因？答案明显是没有的：假定把斗篷的颜色作为完备的原因，那么没有**额外**的因果任务留给它的刺激性或其他东西。[1]因而，应当清楚的是，在承认二阶属性的实现者的同时还要承认它的因果有效性时存在着一个真实的问题，即排他性的问题。这并不令人惊奇，因为二阶属性随附于它们的一阶实现者，由此心理属性被建构成为功能属性。一旦我们承认两个被声称的原因以某种方式彼此相连并且可能是一个原因依赖另一个原因时，排他性问题就凸现了。只要它们被看作是不同事件，每个都声称是单独事件的原因，问题就存在了。把这种情况描述成多元决定的情况可能给布洛克的思想蒙上阴云；这有可能使他认为要解决此问题就是要充分表明当前的情况并不是一个标准的因果多元性情况。然而，我们的问题确实不是那种因果多元性问题，尽管它们都有一个多余原因问题。重要的是，我们要明白所面对的问题起因于**因为**两个被声称的原因**不是**独立的事件。困难确实在于依赖事件的因果地位受到它所依赖事件的威胁。因而，排他性问题充满着类似斗篷和它的刺激性这样的一果多因情况。[2] 54

1 除去颜色本身因果先行词的可能性。

2 出于相似的理由，伊丽莎白·普赖尔（Elizabeth Prior）、罗伯特·帕吉特（Robert Pargetter）和弗兰克·杰克逊（Frank Jackson）主张倾向性的因果无效性。参见他们的《关于倾向性的三个命题》（Three Theses About Dispositions），载《美国哲学季刊》（*American Philosophical Quarterly*）19期，1982年，第251—257页。

正是基于此，我相信，当心理属性被作为一个根据因果角色而界定的二阶属性时，布洛克错误颠倒了由心理因果有效性引起的真正问题。按照我的看法，布洛克错误地把分析性问题作为一个主要困难，这可以从他强加给副现象论的显著条件看得出来，当然他也相信我们必定会接受这样的副现象论。对于布洛克的副现象论可以如下表述：

布洛克的副现象论：一个二阶属性，当定义为拥有引起属性K的某些属性[1]的属性时，它相对于K就是副现象的。

因此，当疼痛被定义为引起畏缩、呻吟和避趋行为的一个状态时，它不能被认为是畏缩、呻吟和避趋行为的一个原因，但是可推定有其他类型的因果作用。事实上，布洛克坚持，尽管速可眠被认为失去了引起睡眠的功效，但是它的安眠性可以有其他类型的作用，他说，因为有可能存在这样的一个定律以使药丸的安眠性是服用者患癌症的因果充分条件。[2]然而，证据表明，只有每个特殊的安眠性化学实现者引起癌症，才可以存在这样的情况；我们很难明白与安眠性的实现者无关的安眠性本身如何引起癌症或者其他情况的。总之，我认为下面的原则是

1 更确切的是“……引起属性K被例示”或者“引起类事件K”。出于简洁，我经常会使用较为简单的表述。

2 布洛克相信福多会同意这个建议。看起来，这会发生仅当睡觉引起癌症，这意味着安眠性是癌症因果充分条件是因为它的每个实现者都是这样的。在稍微不同的背景下（1997年奥柏林哲学研讨会），安东尼提出与福多的相似观点。

非常合理的（我在其他地方称之为“因果继承性原则”[1]）。

假如一个二阶属性F通过一阶属性H在一个给定场合下被实现（也就是说，假如F是在一个给定场合下被例示，是因为这个事实，即它的一个实现者在那个场合被例示），那么这个F特定例示的因果力同一（或者是后者的一个子集[2]）于H（或H的这个例示）的因果力。

因为在此场合下只有F的实现者H的例示，并不存在F例示。鉴于此，认为这个F例示有超出这些H例示的因果力就等于相信魔法存在：当我们用一套固定存放的一阶属性来定义二阶属性 55
和高阶属性时，不知何故，新的因果力神奇地出现了！

注意：分析性观点只是产生于功能属性——由因果标准定义的二阶属性——而不是产生于所有二阶属性。但是，排他性问题——即由一阶实现者优先占有它们实现的二阶属性的因果所有权而构成的威胁——是完全普遍的；它起因于所有二阶属性，不管它们是不是功能的。布洛克以及我们大多数人都有理由担心来自于**简单的**（*tout court*）功能心理属性的副现象论，而完全不用担心它们被定义的结果。

1　出自《多样可实现性与还原形而上学》，后收录于《随附性与心灵》。

2　是否此原则可根据同一或包含来表述，这依赖于如何理解“实现者”。一个合理的说明是：假如P是F实现者，那么任何强属性P^*（例如，P&Q，因为与P一致的一个非无效Q）也是F的实现者，P^*可能有比P较强的因果力，强到我们不可能希望归属于有问题的F的例示。这引起许多我们这里不能继续探讨的、有趣的问题。可是，关键在于二阶属性的例示不能超出相关实现属性因果力的因果力。

在先前介绍的随附性论证如何适用于由功能属性所建构的心理属性，即根据因果标准所界定的二阶属性呢？很明显，此论证将这样属性的因果性置于危险之境地。例如，一个给定M的例示引起一个M^*的例示。让我们假定，在一种场合下，M^*由一阶物理属性P^*所实现。我们问：M^*在此情况下如何被例示的？这样我们就有两个答案：（1）因为M引起M^*；（2）因为P^*实现M^*。由此造成了明显的张力，以及等等问题。但是注意，论证过程愈是直接明显，给人印象愈是深刻。因为当我们试图通过认为M例示引起P^*（因而引起M^*被例示）被例示来缓和所说的张力时，我们必须要反思因果继承性原则的依据意味着什么。因为此原则认为我们的M例示是继承了在这个场合下实现M的一阶属性的所有因果力，而这个一阶属性就是P。所以，在而且只有在P的例示引起它M的情况下，M的这个例示才可以宣称引起P^*。如此一来，我们就完全不清楚是什么会促使我们赞同M-例示以及实现它的P-例示作为P^*例示的原因。

在这点上，我们被迫要做出某些选择来。尤其是，对M-例
56 示和P-例示区分的压力是完全无法避开的，原因至少有两个：首先，就我们所知，二阶属性及其它们实现者的真正概念使我们不可抑制地否认存在着任何这样的事物，即一个二阶属性的例示是建立在它的一个实现者的例示之上的。因为，对于在一个给定场合下M被例示就是因为它的一个实现者在那种场合下被例示，在这个场合下它是P实现了M。其次，假如M-例示的因果力等于实现这些P-例示的因果力，那么是什么原因让我们认为这里存在两个事件而非一个事件？根据一个看似合理的属性

观点，[1]唯一因果相关或者有效的属性应当被视为个体化的属性，但无论如何，认为在因果属性方面无法区分的事件仍可以是不同的事件都是非常不合理的。[2]

因此，这是一条迫使我们走向心身还原论的道路。我们将在后面部分研究还原论的详细观点（第四章）。[3]

---

1 例如，可参见悉尼·休梅克:《因果性与属性》(Causality and Properties)，后收录于《同一、因果和心灵》(剑桥：剑桥大学出版社，1984年)。也可参见福多的《心理语义学》，在此书中他捍卫了科学类是根据因果力而个体化的原则。

2 出自《事件的个体化》(The Individuation of Events)，后收录于《行动与事件论文集》。戴维森提倡事件个体化原则，主要根据具有相同因果关系的事件是一个和同一事件。

3 我感谢马丁·琼斯(Martin Jones)和大卫·索萨(David Sosa)对本章某些要点提出富有启发的意见，它有助于我去完善和改进。

第三章　心理因果性：消解论和赠送论[1] 57

心理因果性问题总是和心身问题如影相随——笛卡尔发现了这两个问题，或者说至少与他有很大关系。对于笛卡尔来说，心理因果性之所以成为一个问题——而且是无法克服的问题，是因为他的本体论包含两个完全不同种类的实体——本质上具有一个空间体积的物体和本质上是意识的心灵。由于笛卡尔过于贪心，他不但主张心理与物理实体彻底的二元论而且还主张在心物两个领域间暗含着因果交互作用，从而为他自身带来了困难。这已经

1　原书标题为“Mental Causation: The Backlash and Free Lunches”。作者在给译者的回信中这样解释：“‘The Backlash’意指由反对心理因果性的排它方式论证所引发的反对和批评浪潮。‘Free Lunches’意指由某些意图拯救心理因果性的哲学家依靠弱化因果性概念进而弱化心理因果性意义而采用的策略。这个策略可以拯救某些所谓‘心理因果性’（但不是它原初意义上的心理因果性）。弱意义上的心理因果性可能是‘免费’的，不需要付出很多。”同时，根据下文中作者对当代西方学者对心理因果性所持的观点阐释，译者把“The Backlash”翻译为“消解论”，以表明心理因果问题根本不是一个形而上学的问题，从而淡化它的哲学意义；而“Free Lunches”则译成“赠送论”，以表明心理因果问题与心身问题相关，解决了心身问题，心理因果性问题也就解决了。——译者

成为西方哲学常识中的一部分。据我们所知，笛卡尔同时代的大多数人直接抨击笛卡尔哲学立场中存在的一个致命缺陷，他们认为：这样不同的实体，一个空间上具有广延而另一个缺乏这种空间属性，那么它们如何彼此关联，或者按照笛卡尔所言如何“混合”形成一个我们称之为人的“统一体”？

在过去大约二十年里，心灵哲学一个令人瞩目的进展就是心身问题的重新复苏。当然，它并不是作为一种已经事实上在哲学舞台上消失的实体二元论问题，[1]而是作为一种对渴望严肃看待心理性的物理主义者的威胁问题。因而，对比笛卡尔心身问题和当代心身因果性争论产生的方式是富有启发性的。尽管我们在昨天的演讲中知道，戴维森的异常一元论在后来转向了其他形式和方向，但正是这个异常一元论首次触发了心理因果性的当代困扰。
58 在某种程度上，笛卡尔把心灵从物质中分离出去已经成为昨日黄花，戴维森则把心理现象视作结构上不同于物理现象。根据他的看法，心理在本质上是规范性的，受到理性原则的控制，然而这些规范限定性在物理域中是没有地位的。心理和物理的构成差异本质上不同于戴维森所主张的“心理异常论”。该主张认为在心理区域内没有严格的因果或预言定律，特别是没有连接心理与物

1 但并非全部；如参见理查德·斯温伯恩（Richard Swinburne）：《灵魂的演化》（*The Evolution of the Soul*）（牛津：克拉伦敦出版社，1986年）；W. D. 哈特（W. D. Hart）：《灵魂的引擎》（*The Engines of the Soul*）（剑桥：剑桥大学出版社，1988年）；约翰·福斯特（John Foster）：《非肉身自我》（*The Immaterial Self*）（伦敦：劳特里奇出版社，1991年）。

理的定律。[1]然而，像笛卡尔一样，戴维森企图把心理与物理事件的因果关联作为他心灵理论的另外的根本构成部分——它是戴维森根据异常一元论推出的三个基本假设之一。另外，在某种程度上，笛卡尔的同代人对其交感二元论的评价已成为有趣的往事，戴维森的评论家和批评者并没有花费时间去抨击他的心理属性和物理属性的二元论，而是异口同声地认为异常一元论所提供事件的心理属性是没有因果性的。[2]笛卡尔和戴维森唯一的不同在于，对于前者来说，引起困难的是实体二元论，而对于后者来说，引起困难的是属性二元论。对于这两个困难，批评者所划分的依据源于一个严肃的、有充分根据的怀疑，即怀疑心理因果性能够与彼此支持的二元论保持一致。

由戴维森异常一元论所引发的心理因果性争论主要集中于心物属性对物理属性的因果有效性或者相关性。这个新问题似乎是戴维森异常一元论所无法解决的，而却适用于各类非还原物理主义或者属性二元论，后者被认为自心脑同一论或者较宽泛地称之为类型还原物理主义没落以来的主流观点。也就是说，实际上问题总是如此：假如心理属性是物理上不可还原的且位于物理域之外，那么如果物理域是因果闭合的，它们如何在物 59
理域内完成因果力的，或者有某类因果相关性？

对于心理因果性作为一个哲学问题的重新复兴，一部分哲学家给出了一种回答，并且赢得了普遍的赞同，即试图通过提出事

1　我试图在《心物定律》（Psychophysical Laws）中重构这种推导。这篇文章后重收录于《随附性与心灵》（剑桥：剑桥大学出版社，1993年）。

2　参见第二章的开头部分。

实上并不存在这样值得担心的“问题”而消解它，或者无论如何去努力淡化它的哲学意义。有人主张，心理因果性的困难源于我们错误地相信了哲学的优先性；无根据的形而上的假设和主张的泛滥是杞人忧天的根源；一个对因果性的逻辑和形而上学的误解是表面困难的核心；我们应当注意解释和解释实践而不是形而上学对于心理因果性问题的指导；假如心理因果性存在着问题，这正是宏观层次因果性通常存在的同等问题，包括所有具体科学的因果性——比如，生物因果性和化学因果性等等。

另外一种与此有关的回答则始终以极小的哲学代价来提供解决方法——也就是说，它表明不需要付出很大的形而上学代价就可以用一个简便和轻松的方式解决这个问题，例如放弃属性二元论，接受要么是还原论要么是取消论，或者设法承认副现象论，或者甚至认真考虑重新回到实体二元论。这些我们或许可称之为“赠送”方案（“free lunch” solutions）——或者即使不完全是免费的，至少付出相当小的代价。

这里我的目标是检查这些低成本策略是如何妥善处理心理因果性问题的。我将主张，它们没有一个真正是成功的，我们无法通过到处去做一些简单的和无关痛痒的修补来消除问题。我相信这个问题深深地植入到我们对我们自身以及我们生活世界的基本形而上学看法；如果我们要严肃地看待这个问题，那么我们将需要做出大幅度的调整。当我们恰当地处理这个问题时，我们心
60 灵的形而上学将经历一些认真的改造。在哲学中如同在真实的生活中一样，都没有免费的午餐，我相信便宜无好货。我们倒不如为了真正的东西而付出代价。当实体二元论面临心理因果性问题

时，二元论是无能为力的：心理实体不在我们身上。历史本身可能会惊人地重演：面对属性二元论和心理因果性，二元论可能再次失败，只留下非还原心理属性慢慢死去。

无法避开的形而上学：排他性问题

一些哲学家主张，只要我们从形而上学的偏见解脱出来，专注于心理属性的日常解释实践，那么我们不用烦恼心理因果性而学会喜欢它。柏吉（Tyler Burge）就是一个例子。他写道：

> 但是让我们产生兴趣的是此烦恼的真实存在。我认为它们是一套错误的哲学优先性的症候。唯物主义形而上学已经受到前所未有的重视。解释实践的反思则没有得到足够的重视。比起我们已经拒绝这个烦恼的更为通常的基础来说，支持此烦恼的形而上学基础并没有那么牢靠。[1]

破坏唯物主义"形而上学基础"的"通常基础"是什么？柏吉继续写道：

> 我认为，先从这个也许可以废除但又固执的假定开始是

1　泰勒·柏吉：《心身因果与解释实践》（Mind-Body Causation and Explanatory Practice），载海尔和米尔主编的《心理因果性》（牛津：克莱伦登出版社，1993年）第97页；亦可参见柏吉一个短论，出自他的《语言哲学与心灵哲学：1950—1990》（Philosophy of Language and Mind: 1950-1990），载《哲学评论》101期，1992年，第3—51页。

> 很自然的和有收获的，即意向心理事件是日常生活和各类心理学分支的核心。我们也可以假定意向心理事件是通常的原因，心理解释通常是一种因果解释。基于这些预设，关于副
> 61 现象论“烦恼”似乎完全可以消除的……在我看来，当代讨论中提出的形而上学考量似乎没有一个能充分有力地威胁到这个结论。

同样，贝克（Lynne Rudder Baker）主张，要消除心身因果性的问题，我们需要做的就是要扭转我们形而上学优先于解释的看法。她认为：

> 我建议，我们哲学的出发点不是一个关于因果性或者实在的本质的形而上学教条，而是一列已经建立的值得接受的解释……假如我们把形而上学所支持的因果性的优先性换成解释的优先性，心理因果性问题就完全会消解。我们先从下列问题开始：我们所想的会影响我们做什么吗？……把原因和解释的优先性的倒转过来，这类形而上学问题就不会出现，原来问题就容易解决了。

在这点上，贝克和柏吉无疑是正确的。按照柏吉所言，我们所坚信的日常意向解释的真实性超出了我们所承诺的晦涩的形而上学原则。在这个意义上，副现象论的“烦恼”是过滤了。但我怀疑我们很多人“烦恼”的心理因果性通常是集中于这样的可能性：我们的思想和愿望可能证明没有能力移动我

们的肢体。我们的烦恼是无证据的或者认识论的烦恼。当柏吉说这是副现象论的幻觉，即把副现象论看作副现象怀疑论，他是正确的。但所有这一切表明的是心理因果性首先是一个形而上学问题。这是一个表明心理因果性如何可能的问题，而不是它是否可能的问题，尽管如何-问题（how-question）会碰到的东西自然会最终引起我们重新考虑我们在是否-问题（whether-question）上的立场。在提出如何-问题上，按照柏吉所言，我们是在“可放弃（defeasibly）[1]但又坚定”地假设是否-问题通常已 62
经被肯定地回答了。[2]根据柏吉的说法，假如心理因果性问题等同于认识论上的怀疑论问题，那么它应当足以成为问题了。正像对怀疑观点的反思已经深化了我们对人类知识的本质和范围的理解，副现象论的“烦恼”有助于促使对我们心理构成以及与我们物理本质如何相关联的深入理解。

但是，形而上的问题并不是昙花一现，随后便消失得无影无踪。像我在前文中所说，心理因果性如何-问题的产生是因为存在着其他肯定的承诺，无论它们是形而上的或者其他类型的，都需要有我们假定的方面，但这使得心理因果性明眼看上去就是有问题的。这个问题不像柏吉应所认为的形而上与解释实践

1　这是一种推理的方式，即可放弃、可废止或可辩驳的非实证性推理的形式，它相对于演绎推理的有效可推导性。——译者

2　尽管我认为当柏吉说“副现象论经常被看成严肃的形而上学选项”（第 102—103 页）时他可能有点过头了，仍有某些哲学家很适合他的描述：如彼得·比厄里（Peter Bieri）:《考查副现象论》（Trying out Epiphenomenalism），载《认识》36期，1992年，第283—309页；以及下面讨论的弗兰克·杰克逊（Frank Jackson）和菲利普·佩蒂特（Philip Pettit）的“程序解释”。

之争，也不像贝克所认为的形而上学与认识论之争。这个观点不是在形而上学和心理因果性之中选择其一：尽管作为哲学工作者，我们应当重视以最终讨论的方式商讨尽可能多的东西，但是我们大部分人还是选择了心理因果性。问题是**如何保证形而上学和心理因果性相一致**。我们需要做的是在**两个不同形而上学的方案**中做出选择，而不是在一面是一些晦涩的形而上学原理和一面是一些钟爱的认识论实践或者原理之间做出选择。当然，这不是说形而上学和认识论必然是独立的。像我们下面所说的，认识论和形而上学在这个领域是彼此存在某些关联的，我们在一个领域所做的选择必然会引起另外领域的调整和修正。

假如我们像柏吉和贝克所主张那样少些形而上学，而把我们的注意力集中到心理解释上，那么心理因果性问题是否会自动离开？柏吉坚持：“我们对心理因果性理解最初来自于我们对心理性解释的理解。”[1]但是我们的心理性解释的理解是什么呢？柏吉并没有直接表达这个问题，但我们能够明白他关心的是
63 什么：心理性解释，即涉及它们解释项中的心理状态的解释通常是因果解释。在上面第二个引文中，柏吉认为“我们也可以假定意向心理事件是通常的原因，心理解释通常是一种因果解释”。在座的诸位，有人可能还会记起，在二十世纪五十年代和六十年代有一场持久的争论，比起当代心理因果性争论更为激烈，它主要是围绕行为的信念-愿望解释是不是因果解释或者是不是“理由即原因”。由于主要受到各种哲学如维特根斯坦和英

1　柏吉，第103页。

国日常语言哲学学派的综合影响，反因果性的观点多年来炙手可热[1]，直到戴维森因果理论推翻了它并成为后来六十年代和七十年代的正统学说。[2]按照柏吉所说，假如我们“可以假定”信念–愿望解释是一种因果解释，我们应当在根本上归功于戴维森。使因果解释观点得以胜出的是戴维森的哲学主张，而不是我们根据信念和愿望而解释合理化行为实践的普遍性。就解释实践上没有什么争议，争议在于它的本质和基本原理。

而且，戴维森本人对于合理性解释作为因果解释的说明涉及大量的形而上学说明——顺便提一下他的形而上学说明的两个关键构成部分，一个是关于日常因果定律中的单独因果命题及其关系的观点，一个是有着众多争议的关于事件及其它们的描述的理论。他的观点整个陈述可能隐含着异常一元论一整套形而上学主张，包括有争议的心理异常学说。当代心理因果性的众多争论均普遍源于对戴维森理论的不满意——担心戴维森理论无法在行为结果中给予心理类别和属性一个恰当的因果角色。[3]确实，这个简短的历史应当使我们充分相信，我们无法轻易

1　可参见，例如A. I. 梅尔顿（A. I. Melden）：《自由行动》（*Free Action*）（伦敦：劳特利奇和基根·保罗出版社，1961年）；A. R. 劳奇（A. R. Louch）：《解释与人类行动》（*Explanation and Human Action*）（牛津：布莱克威尔出版社，1968年）；威廉·H. 德雷（William H. Dray）：《历史中的定律和解释》（*Laws and Explanations in History*）（牛津：牛津大学出版社，1957年）。

2　参见戴维森《行动、理由和因果》，载《哲学杂志》60期，1963年，后收录于他的《行为与事件论文集》（牛津：克莱伦登出版社，1980年）。近来非因果主义得到新的热捧，具体可参见乔治·威尔逊（George Wilson）《人类行为的意向性》（*The Intentionality of Human Action*）（斯坦福：斯坦福大学出版社，1989年）和卡尔·吉恩特（Carl Ginet）《论行为》（*On Action*）（剑桥：剑桥大学出版社，1990年）。

3　参见本书第二章第5个注释引用的论文。

把行为合理性解释实践从形而上的牵绊中分离出来。合理化是
64 不是一类因果解释的问题本身涉及真正的形而上学观点。

即使我们已经回答了这个问题后——可以肯定，我们认为形而上学仍将不会远走。因为只有一个方法让我们相信我们能够理解因果解释的思想，即预设因果解释的事件实际上是被解释现象的原因。也就是说，假如c（或者c的描述或者表征）因果解释e，c必定是e的原因。假如我渴望喝水因果地解释了我的身体移向厨房，这个渴望必定事实上是身体运动的原因。我把此作为一个公正的和没有争议的观点。

那么假设我渴望喝水造成我一定的身体运动。这是一个心理—物理因果性的例子。至此一切皆是顺利的。但是形而上学的问题开始以各种方式出场。首先，假定我们从我身体运动追溯因果链条——简单地说，我左脚运动是我移向厨房的第一步。我设想我们有相当丰富的神经生理学故事去解释大腿运动如何产生的，这个故事涉及神经信号的传递，肌肉群的收缩等等；让我们假定本故事终结于我的中枢神经系统的某些神经事件，假定就是在大脑深处的一群神经纤维的激活。这似乎有充分理由表明这样的神经因果解释也存在，至少，我们不能排除这样的可能性。那么这样的解释与根据信念和愿望的意向解释间的关系是什么？一个是神经活动N作为我的脚移动的原因，另一个是我对喝水的渴望作为同样事件的原因。这两个原因彼此如何关联呢？

当我们面对单个事件却据称有两个原因或者因果解释时，下面任一情况的说明都是原初有效的：（a）每一个原因都是充

分原因，其结果是因果多元决定的；（b）它们都相互需要并且共同构成充分原因；（c）其中一个是另一个的部分：（d）事实
上原因是同一个，但出现于不同的描述之下；（e）在恰当意义 65
上，一个（在这个例子中，假定是心理原因）还原到另一个；（f）一个（在目前情况下可以推测是心理原因）是派生原因，它的因果地位取决于神经原因N。可能也有其他原因，但很明显，从我们目前例子中，它们中的大多数包括（a）（b）（c）是没有希望的。我想强调的普遍观点是这样的：两个因果故事，均声称对一个给定事件提供了完整因果说明，这便造成一种不稳定的处境，它需要我们找到这两个被称为的原因是如何彼此关联的说明。这就是“因果或解释排他性”问题（problem of “causal or explanatory exclusion”）。[1]

照我看，柏吉将会这样回答：意向解释和生理解释无需也不要彼此对立。他说：

认为心理性解释排除或妨碍了物理运动的非意向解释是有悖常理的。我认为这些观念似乎有悖常理并不是因为我们知道心理事件是物理的。它们有悖常理是因为我们知道两个因果解释是把两个明显不同模式的事件结果作为相同物理结果来解释。这些模式的解释对应的是两类完全不同的问题。没有一个解释对其做出根本、明确的假设……心理因果性必

1　更多详细内容可参考我的《机制、目的与解释排他性》，载《哲学展望》2期，1989年，第77—108页；后收录于《随附性与心灵》（剑桥：剑桥大学出版社，1993年）。

须填补物理事件链条间的鸿沟，这种思维的有悖常理之处可能源于传统二元论，或者自由主义对自由意志的担忧。[1]

不对，“有悖常理”与二元论或者自由意志无关，它仅与两种因果主张有关，即每一个主张均声称提供了一个单独结果的一个充分原因。关于解释有一个有趣的事实为柏吉所忽视了，即**假如两个或多个解释声称解释了（尤其是因果解释）一个单独的被解释项，但是它们可以是相互对立的解释，尽管它们的**
66 **解释前提相互一致的，并且事实上都是正确的**。说解释产生于不同研究领域，说解释是在分析或描述的“不同层次”上给出的，或者说解释是对不同认识或者实际问题的回答，这都没有什么区别。例如车祸，根据高速公路的设计师来解释就是由高速公路弯道的不规则曲面造成的；按照警官的说法则是新手的驾车精力不集中酿成的。但在类似这样的一个情况下，我们自然认为所提供的原因都是片面的；它们加起来有助于我们得出完整和充分的事故原因。既然每个都声称自己完全是被解释事件的充分原因，张力就出现了，我们就有权要问，确实是情不自禁要问，两个被声称的原因是如何彼此关联的。事实上，这是很明显因为“没有一个……解释对其他问题做出根本、明确的假设”，即我们需要知道两个解释是如何关联的，关于一个单独现象的两个因果故事如何相互融合的。这两个故事最终是不是不同语言所表述的同一个故事？这两个故事是相互补充的，

1　柏吉，第116页。

每个只是作为其中的一部分吗？等等。形而上学是这样的领域，即不同语言、理论、解释和语言系统汇聚一处，并且具有可以归类和阐明的本体论关系。所谓存在一个这样的共同领域就是假定存在着一个在我们认知活动上宽泛而没有偏见的实在论。假如你相信没有这样的共同区域，那好吧，这也是形而上学。

假如存在一些物理行为的心理解释例子，而我们又准备相信物理结果已有或者必定有物理因果解释，那么因果／解释排他性问题就出现了。我们不需要同意一个普遍的物理域因果闭合教条而去相信确实必定存在这样的例子，物理因果闭合只是使排他性问题成为所有物理行为的心理解释的一个普遍问题。评价排他性问题，我们不需要过于负担沉重的形而上学，即一些重要学说，如异常一元论、因果关系的“严格定律”、物理或机械的因果性范畴、类型物理主义，以及其他形而上学内容。67
排他性问题产生于因果解释的特别概念以及留在我印象中的一个完全直觉和日常的因果关系理解。假如这是正确的，离开形而上学而回到认识论怀抱，或者离开因果性回到解释的怀抱，都将不能驱走对心理因果性说明的渴望。从心理解释到心理因果性，从一个物理出现的二元解释的可能性到因果／解释排他性的恼人问题，都存在一个简洁而便捷的路线。

令人感兴趣的是，我们注意到柏吉和贝克在他们文章中明确承认心身随附性或依赖性。柏吉写道：

确实在心理事件和潜在的物理过程间存在某些系统的，甚至必然的关系。我们有充分理由相信，心理过程依赖于潜在的物理过程。[1]

尽管柏吉没有详细描述他所提出的心理与物理间的依赖本质，但是我们可以有把握地推断它必定至少会得出随附性。相反，贝克明确地承认强随附性意义上的心身依赖性（见第1章）。她认为，她称之为“SS”（“强心身随附性”的英文缩写）的学说是一个“没有根据的猜测”，但她愿意顺其自然并集中于反驳因果性。无论如何，假如柏吉和贝克接受心身随附性，他（她）们需要对我上文的随附性论证做出回应：他们需要告诉我们，他们怎样拒斥这个明显从心身随附性导向副现象论的推理链条的。

反事实条件有用吗？

霍根（Terence Horgan）在这个领域的研究享有重要影响，
68 在近年来的论文中表达了心理因果性和还原论的看法：

> 对于因果排他性推理，我提倡强因果相容论（注：也称弱决定论）——确实，我认为任何支持非还原论唯物主义的哲学家也会支持我的看法。当然我承认我的相容论需要清晰性和可辩护性，这是一项重要的哲学任务。……
>
> 首先，这个观点如何做到清晰性和可辩护性？强因果相容论是一个日常因果属性概念和因果解释的附带结

1　柏吉，第116页。

> 果，我认为这是可信的并且有助于摆脱因果排他性的烦恼。主流的观点是：因果属性就是那些在众多属性之中出现的强硬的、客观的、历时的反事实依赖性模式的属性……
>
> 根据这样的观点，高阶因果自然类属性就是以有关高阶依赖模式和律则概括而集中出现的属性。同样，这些属性不需要和低阶因果属性律则共存——甚至不能按照类相关或结构相关的双条件桥接定律来局部共存。相反，高阶因果属性能完全交互分类（cross-classify）为低阶属性，甚至局部分成物种的类和物种个体。[1]

据此我认为，霍根所讲高阶属性“交互分类”为低阶属性意味着表明，相对于物理理论来说具体科学具有因果或理论自主性。既然这一点经常被非还原物理主义作为一个高阶属性非还原性的论证，那么我们就简要研究下它的内容是什么。首先，“交互分类”在此语境中是什么意思？说一个给定的分类学系统交互分类为另外的分类系统，这必定意味着类似这样的东西：存在着可用相同方法进行分类的项目，它是二阶分类法不能区分的（也就是说，在这种分类法所确定的属性方面是无法识别的），但它能按照一阶分类法分成不同类（也就是说，由此分类 69
法所确定的属性是可识别的），并且可能反之亦然。也就是说，

1 《金在权论心理因果性与解释排他性》（Kim on Mental Causation and Causal Exclusion），载《哲学展望》11期，1997年。

只有在一个分类法可以做出区分而另一个分类法不能做出区分的情况下（也可能相反），才有前者交互分类为后者。但这意味着一阶分类法不能随附于二阶分类法，当按照这种方式理解时，霍根的主张必定会得出否认高阶属性的随附性。假如心理属性和生物属性交互分类到基本物理属性，那么它们就不能随附于后者。这是一个令人感兴趣的建议。它声称，一个物理系统的特定高阶属性不随附于物理属性，它们相互之间通过无法还原到基本定律的高阶定律进行律则关联。这些高阶定律将提供自主性的因果区域，而无需顾及基本物理域。这是一个严肃的二元论形式，可能也是值得审慎对待的策略。然而否认随附性，它会无法满足弱物理主义要求。基于此，我不能确定霍根真实意图是什么。我认为，在谈论交互分类上，他可能完全引用了这样的熟悉主张，即与基本物理属性关联的高阶属性具有多样可实现性。根据第一讲，我们可以知道，心理属性是物理实现的，不管它是不是多样地或者单独地实现，这种观点均能逻辑上推导出随附性命题。假如你接受物理实现主义，我相信霍根也是，你就不能同时也坚持“交互分类”（cross-classification）命题，至少在目前意义上。

现在让我们回到霍根另一个主题，即只要我们选择基于反事实条件依赖性的因果主张，因果排他性问题就是可以避免的。这是一个由诸多哲学家提到的普遍策略。贝克是其中之一；她说，当我们反思一定的反事实条件的时候，“我们所思是否会影响到我们所做”的问题就“容易”回答了。例如，吉尔想到钥
70 匙遗忘在柜台上并且想去取回来，于是促使她返回到书店。贝

克说，要理解吉尔这种思想活动，我们需要做的就是评价下列“解释事实”：“假如她没有想到她遗忘了钥匙，其他情况不变，那么她将不会返回书店；假定她想到她遗忘了钥匙，其他情况不变，那么她重新回去就是必然的。”[1]柏吉似乎也有某些相似的想法，她说：“……人们可以列出各种方法，其中心理原因各有不同但并不和物理解释矛盾。心理原因的不同可由心理因果解释来说明，并可由与这些解释相关联的反事实条件来说明。”[2]

让我们简单回顾一下柏吉的建议。她的思想就是根据解释来解释因果性（结果“因果性变成了一个解释概念”[3]），然后根据给定的公认原因的恰当反事实条件和“必然性”来解释解释本身。我们可以同意贝克、柏吉、霍根以及其他人的看法，即我们坚信心理因果实在性虽然不是全部但在根本上是基于我们接受这样的解释和反事实条件。（不是全部是因为确实我们对心理因果性的信念离不开我们本身作为施动者的观念——也就是这样一种信念，即我们的愿望、信念、意向可以而且能够使我们以恰当方式移动我们的肢体，进而重新排列我们周围的东西）我们也可以同意，在任何心理因果性讨论中必定会涉及我们意向状态和行为的解释实践。然而，对涉及心理状态的熟悉的反事实条件的吸引力将不会冲淡进一步的形而上的澄清的吸引力。我想，在贝克所提出的有关建议中，我们可以看到这一点。我们试想一个这样的副现象论者，他认为某神经状态N既是吉尔想

1　贝克，第93页。

2　柏吉，第115页。

3　贝克，第93页。

到钥匙遗忘到书店柜台上的原因又是回到书店的原因。这个副现象论者完全可能准备接受贝克的因果要求的解释和反事实条件注释这两个条款，因为她可能进行如下推断：“假如吉尔想法没有出现，那么他将不会处于状态N；假定吉尔想法出现了，N
71 必定出现，才使得他的返回成为必然。”就我看来，似乎副现象论者在对这个情况的陈述中并不存在什么不一致。我并不是说，这种形式的副现象论陈述将会适合任何情况；关键在于它不是为贝克的建议所能排除的。

按照一般说法，反事实条件测试是评估因果方向性的一个较差测试。假定c造成e，几乎任何反事实条件模式都会经常采用“回溯性（backtracking）”反事实条件来辩护，即“假如e没有出现，c将不会出现”。[1]另外，当e_1和e_2都是一个单独共同原因c的间接结果，那么反事实条件“假如e没有出现，c将不会出现”和它的逆命题都是真实的，也极有可能存在这样的情况，即“假定e_1，e_2是必然的”也是真实的。而且，贝克提到的“必然性”概念似乎很少需要进一步地解释；说“假定c，e是必然的”似乎非常像另一种说法“c（因果）必然e”——这又回到了曾经的休谟式惩罚的概念。除非贝克给我们提供一个有关必然性概念的非循环论证的解释（a nonquestion-begging explanation），否则她用解释取代因果性的计划必定被判为不完备的。心理因

1 刘易斯是一个例外，他取消这样的“反向跟踪反事实”，不得不配置一些重型形而上学装备。可参见他的《反事实依赖性与时间之箭》（Counterfactual Dependence and Time's Arrow）和《因果性》（Causation），均收录于他的《哲学选集II》（*Philosophical Papers II*）（纽约和牛津：牛津大学出版社，1986年）。

果性问题仍将不会“自动消失”。

让我们总结一下反事实条件策略的讨论，反事实条件理论需要做的就是要给出一个是什么恰好使得这些心身反事实条件成为我们渴望心理因果性是真实的陈述，同时还要表明由于这个原因，我们不想要的反事实条件例如副现象反事实条件证明是错误的。作为一个心身因果性的辩护，单纯地指向特定心身反事实条件的表面事实和可接受性等于是错误地建构了哲学研究任务。在心理因果性问题上，提出涉及心理状态的各种“因为”命题的事实没有更大的哲学意义。这样的举动只是表明心身因果性是我们通常与真实世界打交道的一部分；它们甚至没有对我们相信心理因果的实在性作一丁点修正。我们所想的——至少是我们部分人正在寻找的——是一个哲学解释，即要按照那些似乎是强加到我 72
们身上的其他原理和事实，心理因果性如何可能是真实的。[1]

“程序解释”和随附因果性

近来，杰克逊（Frank Jackson）和佩蒂特（Philip Pettit）提出用他们所称谓的“程序解释（program explanation）”来说明心理的因果或解释相关性。[2]强调解释，这是他们和贝克等人的策

1　进一步对反事实策略的研究，可参见我的《心灵哲学》(*Philosophy of Mind*)（波尔顿，哥伦比亚：韦斯特维出版社，1996年），第139—144页。

2　杰克逊和佩蒂特：《程序解释：一个普遍看法》，载《分析》50期，1990年，第107–117页；亦可参见他们的《功能主义与宽内容》(Functionalism and Broad Content)，载《心》97期，1988年，第381—400页。

略相似之处。然而，在主要方面是不相同的，因为杰克逊和佩蒂特是从这样的前提开始的，即心理缺乏因果**有效性**。只有因果**相关性**，才使他们有望通过心理在“程序解释”中的角色来拯救出心理。试举这样例子：我们解释花瓶碎了是根据它的易脆性。但杰克逊和佩蒂特认为，一系列直觉上合理的原理会导致这样的结论：此例子中的因果有效属性是这个制造花瓶的玻璃分子结构，而不是花瓶的易脆性。因此，这个问题明显就是我们称谓的“排他性问题”。根据杰克逊和佩蒂特的观点，我们不要研究导致这个结论的原理，也不要研究它们的因果有效性的定义；相反，我们要关注拯救易脆性的解释或因果角色的策略，虽然它们被认为缺乏因果有效性。因为假如他们的策略是有价值的，这就是一个可以拯救心理因果性的方法——特别是，他们的问题像我们的问题一样似乎都有因果排他性问题。

推动杰克逊和佩蒂特策略的主要思想是：属性F虽然在产生另一属性G例示上是因果无效的，然而根据“G出现是因为F出现”是一个好的“程序解释”，F仍是与G的例示因果性相关的。但什么是程序解释呢？根据杰克逊和佩蒂特的说法，“G出现是因为F出现”只要具有下面两个方法中任一个都是一个好的、有益的解释：（1）F是G的因果有效属性，或者（2）F“规制”或
73 者“确保”某些属性P的存在，后者相对于G具有因果有效性，尽管F自身和G缺乏因果有效性。（证据表明不同的F例示允许不同的因果有效属性。）我们可以在易脆的花瓶和它摔碎的例子中看下它是如何解释的：尽管易脆性自身不是因果有效性，也无法作为摔碎的生产性原因，但它是因果相关的，以至于规制

或者确保一个因果有效属性存在，即玻璃的具体分子结构。按照他们的说法，“尽管［易脆性］自身没有有效性，但是它的实现者能确保随后属性的有效性。”[1]“程序”这个术语从哪里来的呢？杰克逊和佩蒂特写道：

属性例示并未包含在导致事件的生成性过程中，但是它至少保证这个过程所需要的一种例示属性的出现。有一个描述属性角色的有用隐喻，它说属性的实现规制了生成属性的出现并且在一定条件下规制了事件的产生。这是类比计算机程序，后者能确保特定事件——满足于特定描述的事件——的出现，尽管产生这些事件的所有工作都发生在一个较低的、机械层次。[2]

所以，就初期计算阶段而言，一个声称解释了计算过程中的某个特定步骤的计算解释就是一个程序解释；由于所有真正的因果过程发生在电子层次，尽管初期阶段与解释有关，但对于被解释项是因果无效的。杰克逊和佩蒂特相信，这种策略在具体科学包括心理学中都将会保留解释力：

……虽然我们将不在这里研究此类例子，但是它似乎拓展到日常实例和具体科学中的解释：例如，社会学中一种群

1　杰克逊和佩蒂特：《程序解释：一个普遍看法》，第114页。

2　同上。

74 体凝聚力属性的解释，心理学中作为因果相关属性的命题态度解释，生物学中一种例如适用范围最大的适应性这样属性的解释。在所有这些例子中，除非通过作为程序化的种类，否则很难明白这些解释如何可能有它们明显拥有的价值。[1]

我们应当如何看待这个建议呢？首先，我们注意到此建议和我通常所提倡的解决心理因果性的方法——即“随附因果性”模式没有什么根本不同。这里主要的思想是：借助本身随附于参与因果过程的另一属性，一个属性可以推导出它的因果角色，并且在因果解释中具有一个角色。假定F有P_1，……，P_n作为它的随附基础。这意味着无论何时F被例示，其随附基础之一P_i就被例示。再进一步假定这些P任何一个都因果生成一个结果G。然后，我们可以说F是G的一个“随附因果”。这就是随附因果性的思想。因此它很明显适合于程序解释的模式。F的出现“确保”或者“规制”这些因果有效的基础属性P出现其中一个。这两个模式明显会得出极其相似的东西，至少可以说，哪里有上面意义上的随附因果性，哪里就有杰克逊和佩蒂特意义上的一个程序解释和因果相关性。

因为杰克逊和佩蒂特最初假定了心理属性和具体科学属性缺少因果有效性，故而把他们看作副现象论者似乎是非常贴切的。值得注意的是，程序解释模式的某些部分与副现象论完全一致。像随附性理论一样，副现象论完全可以很好地这样说，

1 杰克逊和佩蒂特，第115—116页。

例如一种疼痛的出现“确保”或者“规制”了疼痛的神经原因如C-纤维激活的出现，正是神经事件才导致我的呻吟。我们已经注意到，副现象论承诺了心身随附性。

既然杰克逊和佩蒂特承认心理的因果无效性，所以维护心 75
理因果性并不是他们的目的。假设如此，如何恰当地谈论心理的“因果相关性”呢？在完全缺少心理有效性下，很难明白如何存在因果相关性的地方。这里存在的唯一相关性似乎是信息相关性（informational relevance）：一种程序属性的出现给我们这样的信息，即某些因果有效属性是存在的并且在发挥它们的作用，尽管我们可能不知道这一切。对于他们来说，最好是专注于具体科学的证实解释——也就是说，是具体科学属性证实了解释有效性或者相关性而不是它们的因果有效性或者相关性。那么问题就是：程序解释模式能否成功地维护具体科学解释和证明具体科学属性的解释有效性呢？

答案显然依赖于你的解释观点。然而，无论程序解释的解释价值如何，很明显它不可能是因果解释（杰克逊和佩蒂特也没有说是）；在“多琳呻吟是因为她感觉到肘部的刺痛”中的“因为”不能看成多琳的疼痛和她的呻吟之间的因果关系，但“花瓶摔碎是因为它的易脆性”中的“因为”可以给出这样的解释。我重复前面所提到的观点，某个事件的一个因果解释在引用另一个事件作为原因可以作为一个正确的解释，仅当假定的原因确实是被解释事件的原因。任何模糊的概念将只会消弱因果解释的思想。

但是假如你愿意放弃心理因果性和心理解释的强概念，保持松散和模糊的解释相关性模式，那么你也许是在做出轻微而实质性的修改基础上利用大卫·刘易斯的思想，“解释一个事件就是提供一些它的因果历史的信息”。[1]这个修改是有必要的，因
76 为就刘易斯的概念来讲，事件的因果历史包含它本身、它的任何部分，并且它们在因果依赖性上是闭合的。也就是说，某个因果历史中的一个事件所依赖的任何事件都是相同历史中的一部分。然而，因果历史在反向因果依赖性下不是闭合的，所以一个事件的副现象并不是它的因果历史中的一部分。就刘易斯的模式来看，这意味着被解释事件的真实原因（神经激活）的副现象（如疼痛）参与将不被视为此事件的解释或者因果解释。我们能做的就是去定义，比如定义一个既在因果依赖性又在它的反向依赖性下闭合的事件“因果网”[2]，然后依靠提供某事件嵌套的因果网的有关信息去说明这个解释观念。指出一个事件的真实原因的副现象就是给出此事件的某些因果信息。

我相信只有那种特别自由、宽松的解释概念才能包容杰克逊和佩蒂特的程序解释。解释是一个相当宽松和灵活的概念，本质上就像理解和理解某物的潜在概念那样宽松和灵活——没有人会制定出解释的标准是什么和不是什么，除非做到这一点，即当我们谈到“因果解释”时，我说过，我们应当坚持所引用

1 大卫·刘易斯：“因果解释”，出自他的《哲学选集II》（牛津：牛津大学出版社，1986年），第217页。

2 当然，刘易斯采用的是他依照反事实所定义的因果依赖性特别概念。但我们可以采用刘易斯引入的宽泛思想，而对于像一个因果依赖性确切定义这样的被用于个人对这个问题的偏好选择则是持保留态度。

一个原因是那种无论怎样它都是那种被解释的事物一个原因。关于解释的实在论应当至少包括因果解释。那么，程序解释的主要问题就是：一个解释的概念是这种维护具体科学属性特别是心理属性解释的宽松而自由的方式吗？

这里，我猜想人们是不同意的，并且我相信那只是反映了解释观念的灵活性。但是我乐于相信，对于这种保留解释相关性或者有效性的办法，不管其他人可能选择哪一种称呼，它都是太弱了，无法让人满意。在我看来，任何为值得拥有的心理解释所做的辩护必须公正对待“她呻吟因为她感觉到肘部的刺 77
痛”中的“因为”，要做到这一点，我们需要一个比程序解释提供的意义更强的“因为”。

心理因果性问题是普遍的吗？

杰克逊和佩蒂特以及霍根把心理因果性只是当作具体科学中的因果性问题的一个特例，即涉及“高阶属性”和事件的因果性。值得肯定的是，这些作者认真地对待了这个普遍问题，并且提供了解决或者消解问题的方法。与之相反，也有些人明显相信，假定心理因果性普遍推广到其他领域如生物学和地质学，这只能表明这个问题是一个伪问题，不值得为此劳心费神。柏吉在下面就表达了这样一种态度：

一个闭合系统的存在反映了一个因果关系模式和一个无需外部辅助的因果解释模式。这中间没有鸿沟。并不能由此

> 推断这样的系统依据一个外部系统的属性而排除或者推翻了因果关系或者因果解释。假如它这样做，确实正如经常指出的那样，在具体科学甚至像化学和生理学等自然科学中就没有因果有效性安身之地。因为按照物理学的属性，在因果关系中是没有鸿沟（除非量子鸿沟）的。但是很少有人对这个观点感兴趣，即物理事件不可能是通过物理事件的生理属性而引起的。[1]

柏吉认为，假如物理域因果闭合排斥心理-物理因果有效性（也就是心理属性与物理属性的因果有效性），那么同样的研究将表明，具体科学的属性相对于潜在的低层属性是没有因果有
78 效性的。换言之，正如基础物理域的因果闭合并不排斥自然科学如化学、生物学属性的因果有效性，物理域的因果闭合（可视为一个整体，它包括生物学、化学等）并不排斥心理属性的因果有效性。

这类推理似乎很普遍。柏吉也说：

> 此外，我想要表明的是，我们开始所持形而上学假定不可避免地导致怀疑我们所中意的思想的有效性，而且也会普遍怀疑宏观因果性。但是，如果我们缺乏证据证明宏观属性一般是因果相关的，而且如果我们采用原因进行解释，那么科学和日常生活中常规提供的并被接受的公认解释，大部分

1 柏吉，第102页。

解释即使不是全部也在根本上不是解释。[1]

我们注意到，柏吉提到所有宏观层次因果性都受到“形而上学假设”的影响（顺便提下，其中也包括心身随附性），也提到所有因果性都被微观物理过程独自垄断。古里克（Robert Van Gulick）也提到微观因果垄断的威胁：

……保证纯粹物理属性的因果地位……将不仅使意向属性成为副现象，它也使得化学、生物、神经生理学和除微观物理学之外的任何理论的属性都成为副现象的……如果意向属性是副现象的意义只是化学和地质属性是副现象的意义，我们需要真正关注它们的地位：它们似乎是一根绳上的蚂蚱，但是没有一个人似乎担心化学属性的因果地位。[2]

（这就有点像告诉我们不应当烦恼，也可以说，不要沮丧，因为其他人都有同样问题）也许没有人为化学或者生物属性的因果有效性而烦恼，而且也没有更多的人真正为心理因果性而 79
烦恼。我们一些人烦恼的是寻找一个合理的心理因果性说明。这是一个不同的烦恼，我敢说，它也是一个真正的哲学烦恼。我们有没有一个能用于化学或者生物属性与基本物理属性关联的因果有效性说明？可能所有人都相信我们不费周折就可找到。

1 贝克，第77页。

2 罗伯特·范·古里克:《意向属性副现象论的三个坏论证》，载《认识》36期，1992年，第325页。

但我肯定不会马上认同这种意见，假如有人能做到，我更希望看到它写在纸上。（假如有人采用这样的反驳，“谁会**需要**一个化学或者生物属性如何有因果有效性的说明？”我想你也会认为那不是我们应当提倡的哲学态度。）进一步讲，我们如何能够确保一个用于诸如化学属性的说明将会同样可用于心理-物理的例子之中？

这里所提到观点的形成背景是我在第一讲中讨论过的标准世界层次图。这个世界的事物及其属性被描绘成垂直有序的层次系统，从微观到宏观，从微观物理学的基本粒子到原子和分子、聚合体，上溯至细胞和有机体等等——这幅图景隐含在经常讨论的层次和次序之中——例如“组织层次”“描述层次”“分析层次”“解释层次”等等。大家还能记起，霍根、杰克逊和佩蒂特等其他人用具体科学的“高阶属性”提出他们观点；假如存在“高阶”，那么必定也存在“低阶”，这再一次表明了一个有序的属性层次。

毫无疑问，这幅图影响了我们对心理性和心理学的看法：心理学是一个具体科学，它位于这个多层系统中接近较高端的那些层次中的某个层次，而心理性则是一组使得它们得以首度显现的独特属性。对于相信这个图景的人来说，自然看不到心理因果性有什么特别之处：假如心理层次经由低阶神经／生物层次而出现存在着困难，我们应当料想到同样的困难会出现在
80 任何层次与它们低阶层次之间的关系中。既然在那些低阶层次上不存在或者至少看上去没有特别问题，为什么我们应当认为在心理层次上有一个问题呢？潜在的回答是没有。我们称此为

“普遍化论证”（the generalization argument）。

在第二讲中，我们明白了一个因果性问题如何从心身随附性的信条中产生的。在那里，我们的讨论不需要对所提到的随附性关系的特征或者除去它的随附性之外的任何心理性特征进行详细地阐述。得出普遍化论证的推理是基于如下假定：心理神经关系在所有相关方面都与下面描述的关系是相同的，如化学-微观物理、生物-物理化学或者其他层次间的关系。随附性论证，假如是正确的，它表明，哪里有随附性，哪里就有一个随附属性和基础属性间因果有效性的潜在问题。这似乎是说，普遍化论证直接适用于随附性论证，这给出我们一个处理它的可能策略。我们将在本讲剩下的部分研究这个普遍化论证提出的问题，并在最后一讲再简单地总结它们。

属性：“层次”与“次序”

我们前面提到，心理属性是由物理或神经属性所“实现”的，或者按照通常采用的同等表述，心理属性是一种“角色”，其中物理或神经属性是“占有者”。一般假定，这个实现关系是等级排序的层次所提供的。利康（William Lycan）清晰地表达了此问题：

> 一般说来，我的［看法］是：“硬件或软件”的谈论促进了一个二分式大自然的思想，它分成两个层次，概略地说就是物理化学的和（随附的）“功能”的或者高阶组织的——与之相应的是，现实是多样层级的自然层次，在这 81

个层次连续体中，每个层次于低于它的那些层次之间均表现出律则普遍化联结和随附性特征。把大自然看成以这个方式分层组织的，“功能与结构”差异就是相对的：某物相对其占有者来说是一个角色，相对于一个实现者是一个功能状态，或者反之亦然，这只是作为一个设定的自然层次的模（modulo）。[1]

我们已经讨论过布洛克对功能化定义的二阶属性的因果地位的副现象性烦恼——作为不同于它本身的一阶化学实现者的二阶属性，安眠性是否可以被赋予让人安睡的因果力。[2]但是，布洛克的问题能普遍化吗？从安眠性的例子可以清楚地看出，同样的问题也会出现在不同领域——你也可以说是在不同层次。试想把布洛克的问题引入到由利康所描述的那种层级中：疼痛的神经实现者相对于其低层属性（优先享有因果能力）是二阶的，依次这个低层属性相对于它们更低层属性是二阶的，这样可无限递推下去，直至微观物理学所描述的坚固底层（假如存在这样的层次），它被证明是真正因果能力所居住的唯一层次。据此，柏吉、贝克和古里克所声称的对于心理属性副现象论的通常烦恼导致了这样的结果，即所有的因果力下渗并沉淀到微观物理层，只留下微观物理学作为唯一能提供因果解释的理论。根据柏吉的烦恼，应当可以推出所有宏观因果仅是一种幻觉。

1 威廉·G. 利康（William G. Lycan）:《意识》(*Consciousness*)，剑桥：麻省理工学院出版社，1987年，第38页（强调是原著）。

2 布洛克:《心灵会改变世界吗》。

飞舞的棒球根本不能击破窗户，地震不能引起建筑物倒塌!这确实是我们所无法接受的。而且：假如没有最低层（像布洛克所提醒我们一样[1]），将会什么样？看来好像是，假如在这幅图景中没有最低层，因果能力将会陷入无底深渊，因果关系无处可寻！ 82

在前面的引述中，利康似乎认为，他的层次分层是由形成二阶功能属性的机制提供的，或者从其他方面来看，是由实现关系提供的，即一个一阶属性生成一个符合功能规定（“角色”）的二阶属性的关系。我们会明显想到一个属性的分层是由这种方式产生的。但要注意下面关于这个分层的重要事实：这个分层与微观-宏观分层并非并列的——换种说法，实现关系不能追溯到微观-宏观关系。理由很简单：不但二阶属性而且它们的一阶实现者都是相同实体与系统的属性。你消化的药丸既有安眠性又有实现其安眠性的化学属性，你既在疼痛中又有C-纤维的激活。证据表明一个二阶属性和它的实现者同时处于宏观-微观分层的相同层次；它们都是同一对象的属性。这可以从一个“二阶属性”与“实现者”的单纯概念简单而直接地推出：说某物拥有二阶属性就是说它拥有它的实现者中间的一个或者另一个，即符合定义二阶属性规定的一阶属性。继而，当我们提到二阶属性与它们的实现者时，在微观-宏观关系所排列的实

1　布洛克：《心灵会改变世界吗》，第168页注释9。他说，这是一个“真实物理可能性”；载于汉斯·德黑梅特（Hans Dehmelt）：《氚核……电子……宇宙……，一个无限后退？》（Triton,...electron,...cosmos,...An infinite regression?），载《国家科学院学报》（*Proceedings of the National Academy of Sciences*）96期，1986年，第8618页;《一个个体基本粒子的实验》（Experiments on the structure of an individual elementary particle），载《科学》247期，1990年，第539—545页。

体与属性层级中就不存在上向或下向的运动。这个由二阶或实现关系所制造的序列不能套用到有序的微观-宏观分层序列；它完全停留在微观-宏观层级中一个单个层次上。

我认为，微观-宏观运动的幻觉是由下列情况所造成的：在许多哲学上有兴趣的、涉及二阶属性的例子中，一阶实现者都是我们所说的微观基础（或者微观结构）属性，即用它的微观结构所概括的一个整体的属性（我们将会对此进行详细解释）。但这样的属性就是宏观属性（或者更精确地说，在相同层次上的属性可以作为它们实现的那些属性）。显然，二阶属性的实现者不是
83 通常微观基础意义上的：据我们所知，拥有一个原色就是拥有颜色区域上的一个二阶属性，但它的实现者仅是颜色。很明显，颜色是否是微观基础的属性在这里不是一个问题。某物是不是一个特定二阶属性的一个实现者的问题与关于任何微观-宏观思考的问题无关。此情况和由因果角色所定义的功能属性相似。试想某个功能二阶属性：拥有一个这样的属性，即它由组织损伤引起例示，例示造成呻吟和哭喊。可能存在一类笛卡尔式功能主义者（Cartesian functionalist），他们认为现象疼痛是属性的实现者，而不是任何神经疼痛。显然，这样一个非物理功能主义会同意一种适用于由功能定义的心理属性的多样笛卡尔式实现者（当然这样的人将不会把它们作为"心理"属性）；她可能承认，在某些物种中，它们的渴或者痒的感觉能实现功能疼痛。

我认为，当我们按照一个次序谈论属性时，通常用"阶（order）"这个习语描述一阶、二阶、三阶……属性，而留下"层（level）"这个习语记录微观—宏观分层，所以区分"高层"

和“高阶”或者“层”与“阶”可能是有用的。就其自身而言，这仅是技术上的提法，但有一个重要区分得予以考虑。据我们所知，一阶或二阶或三阶……这样的级数不能记录微观-宏观分层：这些属性是反映一个单独微观-宏观层次上的实体的所有属性。相反，自旋、粲数等等都是基本粒子的属性，它们不适用于原子、分子以及在微观-宏观层级中较高的物体：透明性与易燃性是分子集合体的属性，它们没有为分子或者更为基本粒子留下位置。意识和意向性是生物属性或者其至少是它们的神经系统属性，它们不适用于与它们关联的微观实体。拥有一个十千克的质量是一个特定分子集合体的属性，比如我的咖啡桌子。桌子的微观基础属性是在下列意义上：对于我的桌子有这 84
个属性就是说对于它有两个部分构成，一个是桌面，一个是桌腿，使得前者有六千克重，后者有四千克重。

我相信我们能用大卫·阿姆斯特朗的“结构属性”（structural property）[1]概念来解释“微观基础属性”（micro-based property）。我们可以说：

P是一个微观基础属性仅在下列意义上，即P是一个被完全解构成不相重叠的固有部分a_1，a_2，……，a_n的存在属性使得P_1（a_1），P_2（a_2），……，P_n（a_n）和R（a_1，……，a_n）。[2]

1　阿姆斯特朗：《一种共相理论》第2卷，剑桥：剑桥大学出版社，1978年，第18章。

2　说得更简单一些：a_is、P_is和R是间接地以存在量化而定义的。

因而，作为一个水分子就是下面意义上的微观基础属性：它是含有以如此这般化合关系连接的两个氢原子和一个氧原子的属性。所以，一个微观基础属性是由微观结构成分所构成的——换句话说，是由这样对象的微观部分构成的，即对象具有微观基础属性和体现它的微观部分特点的属性、关系。但是我们应当清楚，这样的属性是宏观属性而非微观属性。

这些研究充分表明普遍化论证并没有它的支持者所赋予的充分普遍性。特别是以排他性为基础（exclusion-based）心理因果性烦恼并不能适用微观-宏观层次。试看下布洛克的二阶属性烦恼：这里主要的烦恼在于二阶属性的因果角色威胁到它一阶实现者的优先权。我们注意到，二阶属性与它们的实现者都处于微观-宏观分层的相同层次，二阶属性的因果性烦恼是层*内的*烦恼，并不是微观-宏观层间的问题。因而，我们在第二讲中所提到的以排他性为基础的各类观点不能推广到微观-宏观层次，也没有像布洛克、古里克以及等人所转嫁给它们的可怕后果，也就是说，所有的因果力可能下渗，最终沉淀到微观物理学最
85 基本的层次；如果没有这样的基本层次，它们就会完全耗干。

这是不可能的。从最平常的例子应当明显看得出来。桌子有十千克质量，这个拥有十千克质量的属性表征了一组充分明确的因果力。但是没有桌子的微观构成，也没有一个桌子的恰当部分有这样的属性或者它所表征的因果力。H_2O分子没有因果力，氧和氢原子也没有因果力。由成千上万的神经元汇集而成的一个神经束具有这样的属性，它的因果力超出它的组分神经元或者亚神经束的属性因果力；人类具有我们任何一个个体

器官所没有的因果力。显然，**宏观属性具有而且一般来说具有它自己的因果力，这些因果力超出微观构成部分的因果力**。这是明显而且很重要的一点，需要我们牢牢记住。

但是，我们在第二讲中所考虑过的那类由随附性所引发的反对心理因果性的思考又会怎样呢？像我们在第一讲所看到的，难道所有的属性不是随附于微观-宏观分层的低层属性并最终随附于微观物理属性吗？第二讲的论证（“随附性论证”）难道不是表明随附属性的因果力威胁到它们微观物理基础属性的优先性吗？

答案就是，当我们谈及微观物理或者局部随附性（mereological supervenience）（即所有属性都随附于微观属性和关系的随附性），我们经常是用宽松的方式来谈论的。我们必须要看到在这样的主张中确切提及的是什么。假定，我们说某物s一个特定属性P随附于微观属性或者是关于s的事实。我们的意思是说，一旦s的微观构成部分和体现这些构成部分的属性、关系被固定，s有P，或者s是否有P的事实就被固定了。这意味着，P所随附的基础属性是一个微观基础属性，即具有如此这般的专有部分的属性，而这个部分具有如此这般的属性和由如此这般的关系所构形的。这就是s的一 86
个以微观为基础的宏观属性，而非属于它的任何固有部分的属性。一般说来，随附属性和它的基础属性是由相同对象例示的，因而同处一个层次。下面也是随附性概念的一个简单推理：苏格拉底的善良随附于他的正直、仁慈、勇敢和智慧；凡同时例示这些原初性美德和随附性善良的人都是同一个人，苏格拉底。

因此，微观物理随附性或者局部随附性与实现关系一样都不能套用微观-宏观分层；当我们越来越深入到微观时，一组随附属性即某属性局部随附于相邻属性仍然保持在微观-宏观分层的同一层次，正如由实现关系所排列的属性一样。这意味着探讨随附关系的随附性论证没有得出架空宏观层次的因果力的结论，也没有推出日常宏观物体及其它们的属性在因果上是无用的。

这回答了某些但不是全部由普遍化论证所提出的要点。已经被回答的部分要点在于担心：这个世界上最合适的因果活性物质可能被证明是基本粒子和它们的微观属性；我们日常经验到的熟悉物体如桌子、椅子和大脑及其它们的属性可能被剥夺因果力。但是，在普遍化论证中有一部分没有被恰当地表述出来，即：假如随附性使心理属性的因果力碰到了麻烦，为什么它不能带给所有其他具体科学属性如化学、生物属性等同样麻烦呢？因为，随附性论证的核心是一个简单的思想，即假如属性P随附于基础P^*，那么P^*就威胁到P的因果地位的优先性。这个论证十分普遍，明显与P是一个心理属性而P^*是一个物理属性的事实无关。因此假
87 如这个论证成立的话，那么它在反对所有随附属性的因果潜在力方面也是成立的，并且既然有充分理由相信生物、地质和其他具体科学属性是随附属性与心理属性是随附属性具有相同的意义，所以这个论证用于反对这些属性同样很有效。假定随附属性和它们的基础属性均是相同对象的属性，因而属于相同的本体层次，那么就会一直存在层内因果排他性（intralevel causal exclusion）问题。我们已经表明的只不过是，因果排他性问题不是一个层间（interlevel）问题。接下来一讲我们再重新谈论这个问题。

第四章　还原与还原论：一种新视角 89

类似“还原”“还原论”“还原理论”以及“还原解释”术语不但在大西洋两岸的哲学界甚至在今天的日常知识文化中都成了贬义词。它们已经变成攻击批判对象知识贫乏和落伍而抛给他们的惯用绰号。在主流文化出版物中，假如不是严肃的哲学，称其为“还原论者”就超出了单纯的学术争论的批评或表述，它是在打击某人、大肆嘲弄他和他的工作；我们在左翼出版物中经常会读到“庸俗还原论”；现在，我们在有关文化、种族、性别和社会阶层等文献中会不时地碰到“生物学还原论”、“社会学还原论”、“经济学还原论”等诸如此类的指责。假如你想在哲学问题上政治立场正确，你就不敢和还原论扯上关系，更不要说是还原论者。很有意思的是，有些哲学家从事的明显像是还原论规划的内容，但他们忌讳称自己为还原论者或者公开宣称他们采用的是还原论方案。[1]我要尝试去做的并不是全面复兴还原策略，我要做的事情就是讨论如何最好地理解与我们当前研究问题相关的还原论，究竟是什么推动了心身还原论（reduction-ism）以及它的代价和回报可能会是什么。我试图说服你相信，心灵的还原论是一个严肃的、有活力的哲学立场，尽管最后我们可能决定拒绝接受，但是我们应当为这样做寻找一个正当的理由。另外，最后一
90 讲还会涉及一些没有完成的工作——尤其是，我要多说一些我称为的普遍化论证。你可能还记得，存在这样的争论：反对心理因果性和相关思想的随附性论证适用于所有其他具体科学属性，并且这证明了心理因果性问题的空洞无物。我们对心理因果性问题的普遍化论证的最后考查将会使我们得出某些终极的反思，即在心身问题和心理因果性上有什么方案能供我们选择。

内格尔还原："桥接定律"问题

在第一讲的最后部分，我批评了内格尔的理论还原的演绎模式，特别是它在心身还原论上的争议，因此我主张看待还原的另外一种方式，即功能模式。我提到，尽管内格尔模式的缺陷已经广为熟知，也有许多变种应运而生，[2]但是在过去三十

---

1 注意两个例子：福多的"自然化"内容方案和弗瑞德·德雷斯克（Fred Dretske）的意识外在主义方案。参见福多《心理语义学》（剑桥：麻省理工学院出版社，1987年）和德雷斯克《自然化的心灵》（剑桥：麻省理工学院出版社，1995年）。看起来，"自然主义"与"还原"的方面并不冲突。

2 参见罗伯特·考西（Robert Causey）:《科学统一体》（*Unity of Science*）（多德勒克：里德出版社，1977年）。

年里，它仍然占据还原和还原论哲学的讨论中心。内格尔模式的核心是“桥接定律（bridge laws）”，它提供了还原目标理论（theory targeted）和基础理论（base theory）的术语之间的根本还原连接，从而使它的还原者推导出目标理论。在这个模式的哲学应用中，人们习惯认为桥接定律采用了双条件形式，即给被还原理论每个原初谓词提供一个基础理论中的律则共存谓词。当还原论争论中的习惯用语发生形而上学转向，属性的谈论成为重点时，桥接定律这个必要条件被理解为这样的说法，即被还原的域内的每个属性必须被提供给一个基础域内的共存属性（至少律则必然性的共存）。

事实上，内格尔并未要求他的桥接定律是双条件形式；他关心的是从基础理论的定律到被还原理论的定律的可推导性（derivability），并且他所想到的是桥接定律具有足够的数量和能 91
力以保证这种推导。但是，这遗留了一个问题，即桥接定律需要什么取决于所考虑的一对具体理论，并没有什么普遍的桥接定律能说出两个理论谓词或者两个理论域内的属性如何必定相互关联以保证一个理论还原到另一个理论。这意味着，除非我们有两个明确和完备的理论，否则我们就不能对还原可能需要什么桥接定律真正说出一些有用的东西。然而作为哲学工作者，在终极理论出现以前，我们还想讨论一下还原性和还原论；尤其是在心身例子中，既没有心理学也没有公认的还原基础理论如神经生物学或者任何一种理论在哪一方面接近一个最终形式，甚至永远不可能达到那个阶段。此外，桥接定律的有效性无疑是内格尔理论还原性问题的关键要素。根据这一点，桥接定律必定是双条件的思想就具有了特别的意义：假如目标域内每一个谓词或者属性M可以关联于基础域内的一个共存P，那么这确实会保证内格尔还原（假定两理论都为真）。现在我们假定L是被还原理论中其中一个定律：要么L是通过双条件桥接定律从基础理论中推导出的，要么不是的。如果它是，L就通过了内格尔还原。如果不是，用桥接定律作定义把L改写成基础理论的术语形式，并为这个改写的L添加一个基础理论的辅助定律。于是，L将通过桥接定律从已改进的基础理论的定律中推导出来，从而再次满足了内格尔可推导性条件。这个改写的L完全是以基础理论术语表达的一个真实的似律概括，原来理论是不完备的，它没有达到对其领域一个真实的概括。以这种方式扩充基础理论，既不是扩展它的本体论也不是扩展它的观念体系（也就是它的概念系统），并且在任何方面都没有减少还原的科学或者哲学意义。[1]

那么，我们考虑一下M⟷P形式的桥接定律，其中M是目
92 标域内的一个属性，而P是基础域内的一个属性。我认为，关于这个桥接定律需要考虑三个重要问题。

（1）有效性问题（The availability question.）。这个问题明显是由多样实现性论证所提出的。多样实现性论证最初是反对类型物理主义，后来被其他人普遍用于所有具体科学属性。[2]这个现在为

1 把桥接定律看作双条件的另外理由是被还原理论的属性与基础理论的共存外延的同一可能性是开放的，因为很明显除非F和G至少是共外延的，否则它们不能同一。

2 特别是杰瑞·福多《具体科学或者作为一个工作假说的科学非统一体》，载《综合》28期，1974年，第97—115页。

大家所熟悉的论证的要点在于，它发现高阶属性P多样实现于低阶属性Q_1，Q_2，……，因此不可能给P提供一个单独的低阶关联Q以产生一个P⟷Q形式的双条件桥接定律。这样P就无法还原到某些单独的低阶属性，在多数情况下，这表明双条件桥接定律要求是无法满足的。无论如何，这是一种论证。

特别是，戴维森用心理异常论来削弱心身还原论，特别是他声称不存在连接心理与物理属性的定律，就心理异常论来说，不存在任何类型的心理与物理的桥接定律，更不要说双条件桥接定律。因此，不像普特南多样可实现论证，戴维森论证并未依赖于桥接定律必定是双条件的预设。显然，多样可实现性的思考并不会表明不存在连接两个相关领域的定律。事实上，假如Q_i是M的实现者，那么Q_i⟷M必定有律则必然性。戴维森与普特南论证还有一个进一步的区分。我们注意到，多样可实现性论证似乎快速而自然地推进到心理学之外其他具体科学属性。然而，戴维森论证则依赖于心理异常论，而后者依赖于所假定的心理现象的具体特征（明确来说就是命题态度），也就是它们的规范性和合理性。基于此，我们无法认定他的论证可以推广到心理以外的领域。无论如何，由于以下原因，我们不想对戴维森的论证做进一步研究。因为，按照戴维森后来的强调[1]，他的心理异常论仅是用来否认他称为的心理与物理间的“严格 93

1　尤其是他的《思维原因》，载约翰·海尔和阿尔弗雷德·米尔主编《心理因果性》（牛津：克拉伦敦出版社，1993年）。

定律”，并且就他理解的严格定律，它证明只有在基础物理学中（或者按照戴维森的话说，是“成熟物理学”）才会存在严格定律。既然戴维森把他的反还原论论证建立在心理异常论上，他必然要求还原使用的桥接定律必定是严格定律。但是，根据他的理论，在基础物理学之外任何地方不可能存在严格定律，由此可以推出在科学的任何地方也不可能有还原。[1]这表明，戴维森的还原思想过于狭窄和不切实际以至于没有太多哲学意义。假如在科学中存在任何一种还原，是否存在连接两个研究领域的严格定律的问题（例如，是否他的心身异常论是真实的）不可能是一个与还原和还原论有任何关系的问题。

对多样可实现论所提出的有效性问题可能有两个回答：（1）析取策略；（2）转向种类或者具体结构的桥接定律和“局部”还原（区别于“整体”或“统一”还原）。[2]简而言之，析取策略就是：假如M以三种方式多样实现，如P_1、P_2和P_3，那么为什么不把$P_1 \vee P_2 \vee P_3$析取作为基础域内M的共存？无疑，假如每一个P_i都是M的实现者，必定（或者至少）具有$P_i \rightarrow M$律则必然性，而假定P_i是所有M律则可能实现者，那么必定（至少）具有$M \longleftrightarrow (P_1 \vee P_2 \vee P_3)$律则必然性。但我们先放下对析取运动的

1　那么，以此方法，戴维森反还原论证也适用于所有具体科学。但大概不会是一个预期的结果。事实上，假如我们愿意从基础物理学之外的非存在严格定律作为前提开始，我们就能避开戴维森在《心理事件》和其他地方所整理出的异常一元论这样复杂而抽象的论证，用简单的步骤而达到预期结论。由于严格定律只存在于基础物理学，当然不可能在心理学或者心理学与其他学科之间存在严格定律。

2　针对可多样实现所引出的有效性问题有多种可能回答。但显然和戴维森异常论无关。

讨论（后面再述），转向通过种类或者具体结构的桥接定律而进行的局部还原论观念。

多样可实现论证的支持者经常默许这样的猜想：心理状态的神经关联，例如疼痛就是具体物种的疼痛——这个疼痛关联于和实现于人类的某种神经状态、章鱼的一个特殊神经状态以及可能是火星上某种电化学状态。这可以理解为，假如N_1是人类疼痛的实现者，限定于人的双条件就是：$H \rightarrow$（疼痛$\longleftrightarrow N_1$），其中H代表人类。这些覆盖所有人类心理状态的双条件构成的一个全面系统将能使人类心理学和人类神经生物学（如果有的 94
话）、犬科心理学和犬科神经生物学、火星人心理学和火星人电化学等等之间进行一个内格尔式的推导还原。在我看来，从推动内格尔还原模式的通常哲学和方法论的观点来看，这些限定的种类或者“局部”还原是足以还原的。假定心理性的物理基质不同于人类、犬科动物和火星人，从一开始我们还可能期望或者需要更多的什么呢？

然而，关于局部还原可以引出三个问题。第一个问题是由众多哲学家提出来的[1]，他们首先指出：不只限于生物物种，多样实现性是更为深入和广泛的；甚至同一个体的一个给定的心理状态或功能的神经实现者或关联物在发育过程和大脑损伤中都可能多次发生变化。我认为这是真实的，这个论点尽管可能在实际效果上是恰当的，但它形而上学的观点无关。可以推断，

1　例如，特伦斯·霍根：《金在权论心理因果性与因果排他性》，载《哲学展望》11期，1997年，第165—184页。

假如两个同种的生物在某些单个心理状态上有不同的实现者，那么之所以这样大概是因为它们在神经系统的构成方面有差异。大脑的发育和损伤均能造成我们心理生活的基本神经机制的变化，这也是为什么随着时间的推移不同神经状态会渐渐实现相同心理状态的原因。同种生物大多共有相似的神经系统，这也是心理学得以可能的基础。这是一个偶然的，但也是幸运的事实，即人类心理是统一的，它能充分保证科学研究的可能性和实践上的可行性。[1]但是人类心理学的统一，就其所达到的程度，可归结于我们神经系统的相似性——即人体生理学的统一。在最坏情况的背景下，纵然在人类中间和成长过程中的同一个体身上到处存在着广泛异质的多样可实现，但是仍会存在具体结构的双条件定律（假如心理确实是物理上实现的），仍会存在极其完备的局部还原，即使它们只是生命中特定时刻的单个个体还原。心理学是物理上实现的是这样的一个思想，即正是心理
95 状态的实现者的物理属性才产生了心理规律，成为心理解释的基础。如果是一个极具差异性和异质性的实现，再去寻找任一时刻任一个人存在时他或她心理状态的神经实现者就会没有意义和没有价值的。假如在这些境况下，作为科学的心理学得以

1 我认为，这是心理学的异常性和合理可靠的心理学规则两者的真实来源。没有人完全在物理上相似，在任何物种的成员中间通常都存在解剖-生理上的根本差异。我只好期望——事实上我们知道——这些差异将会出现在心理层面上，我们不能期望特殊的、律则心理规则。这和每个个体心理学是一致的，后者完全是由他或她的生理所决定的，且就自身完全有律则性。所有人种的人类心理学不会产生独一无二的定律，只有统计规则性，就像没有普遍定律适用于所有汽车，即使1992年丰田佳美这样个例也没有。

可能存在，那么就应当归于一系列大量的、不可思议的偶然为之。于是，我们可以断定，把多样实现性推向极致并不会打击局部还原论的思想。多样可实现性只能使局部还原论更加精细化和原子化，也许它会使后者没有什么实践意义。

由局部还原论所引起的第二、三个问题更为严重，需要我们做出认真答复而不仅是简单地反对。事实上，这些问题确实对整个内格尔还原以及它采用的桥接定律的思想提出严肃的挑战，而不是仅针对局部还原论和具体结构桥接定律。现在让我们转向通常所讲的桥接定律，研究这一对深层次的问题。

（2）**解释问题**（The explanatory question）。C-纤维的刺激关联着疼痛（存在于所有具有疼痛能力的生物、人类和高级哺乳动物之中——这没有什么区别）。但是为什么？我们能否理解为什么当我们C-纤维激活时会感受到疼痛而当A-纤维激活时不会感受到疼痛？我们能否解释为什么是疼痛而不是发痒与C-纤维激活关联？确切地说，关于C-纤维和它们激活的什么解释了一个疼而且痛的感觉出现？为什么当C-纤维激活时会经验到某些感受性质？当突现论者声称意识是一种突现属性，它们不能用物理或者化学“基础条件”来解释时，正是这些解释问题使他们对回答失去了信心。对于这些解释问题来说，还原是首要的、起码是重要的解释手段：还原必定使得特定的现象如何起因于更为基本的现象更容易理解，假如这是我们的目标，我也相信这确实应当是，那么心理学的一个内格尔式推导还原配 96
上一个视为无需解释的、辅助性假设的桥接定律，将无助于让我们对心理性的理解前进半步。**因为正是这些桥接定律的解释**，即为什么恰好存在这些心身关联物的一个解释才是一个心理性解释的需要的核心部分。你还会记得，我们在心身随附性上提到相似问题（第一章）；显然，内格尔心理学还原可能是把心身随附性作为一个无需解释的原初事实。

我相信物理主义者应当认真考虑这个解释问题。这倒不是说物理主义就是任何现象必然被物理解释的，仍有可能存在物理现象但是无法被物理解释的——即是说，这个世界可能是物理世界但不是完全被物理解释的。我们也不会苛求，在某个时候我们居然成功地提出一个可以解释任何事物的物理解释。我们不可能是聪明绝顶、勤劳不辍或者长生不老的。相反，如果一个整体现象系统看上去不在基本物理现象中，它拒绝进行物理解释，特别是如果我们根本不知道从何处或者怎样入手，这个时候就要重新检查物理主义的承诺。

因此，内格尔还原，无论是整体或者局部的，都不能给出我们解释的还原。即便所有现象已经被内格尔还原到基础物理理论，而且让我们假定我们有一个较完备的基础物理理论版本，世界仍将会充满着神秘性，对于这个神秘性，我们完备的物理学也无能为力。

（3）本体论问题（The ontological question）。从理论上分析，还原必须是简单化的，毕竟，还原必定是减化。我们期望我们的还原产生出较简单的系统——一个简单的概念系统，或者简单的预设系统，或者简单的实体系统。基于这一点，M⟷P形式的桥接定律明显在各方面是贫乏的。既然M⟷P被假定是一个偶然定律，M和P的概念保留着不同，因此桥接定律

就产生不了概念上的简单化。进一步讲，既然我们所有的只是一个偶然双条件“当且仅当”连接属性M和P，那么M和P就保 97
持着不同属性并且不存在本体上简单性。局部还原论观念似乎使得情况更为糟糕：甚至不存在一个单独的P能被作为同一于M的一个备选项，而是M多数实现者P_1，P_2，……。确实，经过还原理论的定律对被还原理论的定律的一个推导吸纳，内格尔还原给出我们一套简单定律。然而，这样得到的简单性可能大多是幻觉：付出的代价是增加桥接定律作为基础理论的新基本定律，此外这些定律由于带有新的描述术语，它们将不但拓展了基础理论的语言而且拓展了基础理论的本体。无论如何，形而上学意义上的事实就是内格尔还原没有给我们本体简单化，也无法给我们带来使我们理应联想到还原论思想直觉上的“只不过”的意义是什么。

当我们对突现论或者其他各种类型的二元论如两面论、副现象论、预定和谐论进行反思时，发现没有什么能排除心理学的单纯推导还原，这样就更表明了从心理学到物理理论的内格尔还原的哲学匮乏。实体二元论同样也不能排除一个心理学到物理理论的内格尔还原。而且其中某些二元论例如两面论会通过提供给我们所需要的心身桥接定律推导出心理学的内格尔还原性。因而，我们认识到心理性是否通过桥接定律而内格尔还原为物理的问题不可能是一个明显的形而上学问题。一个基于内格尔还原为前提的还原主义反驳也不能被认为是一个有意义哲学贡献。

功能模式的还原

假如我们期望本体简单性作为我们的还原，我们必须在某种程度上找到一个强化桥接定律M←→P而达到同一性M＝P的
98 方法。（为了方便起见，我们将暂时忽略多样可实现性问题，并且假定M有一个单独的关联或实现者；我们在本章后面再回到多样实现性）。关于这些同一性有一个好处，它们同样可用于回答桥接定律的解释问题：M和P被共同例示是因为它们事实上是一个和同一的属性。同一性扫除了形成解释问题的逻辑空间。对于“为什么亨利·罗德姆（Hillary Rodham）无论何时和何地出现，总统夫人也出现？”这样的问题，恐怕再没有比“亨利·罗德姆是总统夫人”更好的或者说更为彻底的回答了。

假如M和P两者都是内在属性，并且连接它们的桥接定律是偶然的，那么同一它们就是无望的。不同属性是完全不同的，我们不能假装它们是相同的。像一些唯物主义者通常所说的，“但是为什么我们就不能正好说它们是一个和同一的？请给出我不应当这样说的更好理由！”我认为一个好的哲学不会这样说。我认为，我们必须努力为明显不同的事物事实上是一个和同一的这样的说法提供肯定的理由。而且，如果M←→P是偶然的，那么M和P的同一必定会和克里普克辩护所称之为的、具有很大合理性的、现被广泛接受的命题保持一致，即同一性术语是“严格的”，同一性就是必然的。因为如果M=P是必然的，M←→P不可能是偶然的——除非要么M要么P是非严格的。

所有这些表明，我们应当回到我们第一讲末尾所描述的功

能模式还原。简要说：要还原一个属性M到一个基本属性域内，我们必须首先根据关系或外在方式建构或者重建M以便为它的还原作“预热准备”。这把M转变成一个关系或外在属性。对于功能还原来说，我们把M建构成由一个由它的因果角色定义的二阶属性——也就是说，是由一个描述它的（特有的）原因和结果的因果规制（specification）而定义的。因此，现在M是拥有如此这般因果潜力属性的属性，它证明属性P确实是那种适用因果规制H的属性。这是M和P同一的基础。[1]M是拥有某些满足 99
规制H的属性，P也是满足H的属性。因此M是拥有P的属性。但一般说来拥有属性Q的属性＝属性Q。因而推出M是P。[2]

我已经给出了一些功能还原的例子：温度和基因还原（见第一章）。被还原属性M的功能说明能用于解释为什么M⟷P关联，并且可作为M＝P同一的基础，它还能同时给出没有同一性相伴的空洞桥接定律所产生的解释问题和本体论问题以满意回

1　这种还原和还原同一的方法暗含于大卫·阿姆斯特朗的中心状态唯物主义，可参见他的《心灵的一个唯物主义理论》（*A Materialist Theory of Mind*）（伦敦：人文科学出版社，1968年）。也可参见罗伯特·范·古里克《非还原唯物主义和理论间限定的本质》（Nonreductive Materialism and the Nature of Intertheoretic Constraint），载由安塞伽·贝克尔曼、汉斯·弗洛尔和金在权主编的《突现或还原》（柏林：迪·克鲁特出版社，1992年）；约瑟夫·列文（Joseph Levine）：《论它怎么样之遗漏》（On Leaving out What It's Like），出自马丁·戴维斯（Martin Davies）和格林·W.亨弗瑞主编的《意识》（牛津：布莱克威尔出版社，1993年）。[原文此处的标题和出版社名与参考书目有出入，这里以作者提供的参考书目为准。——译者]

2　在这点上，聪明的读者会想到以下问题：假如M是而P（大概）不是一个外在或关系属性，它们如何是一个和相同属性呢？问题提得好！用“角色”和“占有者”术语，问题可重新表达如下：假如M是因果角色和P是它的占有者，M和P如何可能是相同属性？角色如何同一于它们的占有者？我们将在随后谈到。

答。我相信大部分层间[1]还原例子适合我刚才已经勾画的模式。当然，这个过程的主要步骤是被还原属性的功能化（*functionalization*）。确实，功能化的可能性是还原的一个必要条件。我已经说过，如果M_i和P_i两者就其自身来讲是不同的内在属性，用"＝"替换$M_i \longleftrightarrow P_i$关联中的$\longleftrightarrow$完全是不可能的，这个关联必须被认定是一个无需进一步解释的原初事实。

功能化M就是使得M为非严格的，不言自明：M是根据它与其他属性的因果／律则关联而定义的；既然这些关联是偶然的——偶合于一个给定的世界流行的定律——一个给定属性是否满足于定义M的因果／律则规定就是一个偶然事实。[2]这使实现关系因世界不同而不同，M＝P的同一就变成了形而上的偶同。这会导致困难吗？克里普克曾经认为，这样的"理论"或者还原同一性，如"热是分子运动"和"基因是DNA分子"是律则必然的。[3]然而，注意到就功能还原模式来看，M＝P不是整个偶然的，它是律则必然的。既然P是否是功能属性M是由公认的自然普遍定律所决定的，实现关系在穿越所有具有相同基本定律的世界仍会保持不变。这样M＝P在所有律则可能的世

1　我是在通常意义上使用"层次"，而不是相对"次序"的那个具体意义上的"层次"。例如，从开普勒定律还原到牛顿定律的完全推导性还原就适合这里描述的模式。

2　这是明显地设定：属性的同一与它们所描述的定律（和因果关系）无关，但此假设和那种后来将推行的科学类和属性由于它们因果力不同而被根本上个体化的观点之间存在着一个张力。我相信，这两个观点能够融合，但是必须把其放到另一个场合。

3　索尔·克里普克：《命名与必然性》（剑桥：哈佛大学出版社，1980年）。

界（与指称世界相关的）是有效的。因此，我们可以说“M”是律则上严格的或者半严格的。下面结论似乎正确的：给定一 100
个普遍定律，DNA-分子是这个世界基因信息的载体，但是在不同基本定律的世界里，它也可能是另外一类分子在承担这类因果工作。结果就是：某些理论同一，特别是那些归因于功能还原的理论同一都只是律则必然的，而不是简单（*tout cour*）必然的。当然我们无需说所有还原同一都只是律则必然的；水＝H_2O能保证形而上学的必然，因为我们不需要认为水或者作为水是功能属性。

突现论者应当会拒绝功能化适用于他们所宣称的突现属性。对于他们来说，这些属性就其本身而言是内在属性，它们拥有独特的因果力而无法还原到它们从中突现的那些过程的因果力。之所以他们认为突现关系是原初和无法解释的，或者突现不能还原到它们“基本条件”，原因在于他们经常借用认识论术语，大意为：通过一个基本条件的完备知识，是不可能预测什么属性将会在高层突现。例如，本世纪早期的突现论者主张大部分化学属性在下列意义上是突现的：通过孤立的氢原子和氧原子的完备知识，是不可能预测当它们以2：1化合时最终的物质将会是透明的并且可以溶解糖但是不能溶解铜。然而，突现论者在这些例子中是错误的，因为固态物理学根据微观物理事实已经解释和能够预测这些现象。[1]我相信，这样解释和预测的关键之

1　麦克劳克林阐释了这个观点，参见他的《英国突现论的兴起和衰微》，载《突现或还原》。

处在于要被解释的属性或者现象的功能说明。考虑一下水的透明性：应当看到，一旦这个属性被功能解释为某种完整传递光线的实体的能力，那么明确提出一个水分子为什么有此能力的微观物理解释就没有根本上的障碍。同样的方法也适用于生物
101 现象的微观解释和预测，因为看起来许多生物现象似乎可以解释为物理化学属性上的二阶物理属性。[1]

因此对于我们来说，心身问题争论的中心是：心理接受还原解释所要求的这类功能化吗？或者说它在原则上拒斥这样的功能化吗？假如心理的功能化概念是正确的——对所有心理属性都是正确的——那么心身还原在原则上就是可能的，即便没有实际的可行性。这和当前一部分哲学见地是相冲突的，后者声称功能主义不同于传统的物理主义，它是心身反还原论的一种形式——事实上也是当代的主要形式。我在这里的主张恰恰相反——心理属性的功能主义概念**需要**心身还原论。事实上，它是还原的充分和必要条件。假如这是正确的话，心身还原主义和心理性功能主义策略荣辱与共，它们共有相同的形而上命运。

通常，心理现象被区分成意向性和现象性这两个宽范畴，但也不排斥那些同时具有这两个方面的范畴（例如，情感）。意向性在命题态度即承载表征内容的状态中特别显著。对于意向性的功能主义说明的生命力一直存在着诸多置疑；尤其是普特南，尽管他于二十世纪六十年代晚期引入功能主义，但是近来却加紧持

1 详细内容参见我的《理解突现》，即将出版。［这里与第四章内容和参考书目存在出入，现以作者最后发表的论文标题为准。——译者］

续攻击内容和指称的功能主义说明；还有塞尔也异常坚决地抵制意向性功能化。[1]然而，像许多其他人一样，[2]我仍然不为这些观点所动；我看不出一个意向性功能主义说明有什么根本障碍。我只在这里说，我似乎难以想象存在着这样一个可能世界，它是某个世界物理的完整复制品，但整个地缺乏意向性。[3]

有些人相信主要的麻烦来自于感受性，这我同意。不像意向性例子中，我们不费吹灰之力就能够设想到一个我们这个世界的原样物理复制的世界，即感受性有不同分布（感受性倒置 102
的世界）或者完全缺失（"僵尸的世界"）的世界，尽管后者的可能性存有很大争议。开门见山地说，在我看来，感觉、经验的现象质、感受性其实如果说是什么的话，那就是内在属性。[4]确切地说，我们通常用外在或因果描述来谈论它们，就像谈论玉石的颜色、氨水的气味或者烟草的味道。然而，这与下面的主张是完全一致的，即这些描述所选定的是内在性质，并不是某些外在或关系的东西。（可能是因为它们是内在和主观的，我们需要求助于主体间指称的关系描述）试用类似2千克或者32华氏摄氏度的关系描述的用法来对比我们把内在物理属性归于物体的实际做法。说一个物体有2千克质量就是说它将使两个物体平

1　参见普特南《表征与实在》（*Representation and Reality*）；塞尔《心灵的再发现》。

2　参见如大卫·查默斯《有意识的心灵》（*The Conscious Mind*）（牛津：牛津大学出版社，1996年）。

3　我相信其他（可能是休梅克和布洛克）做了相似的研究。

4　此主张因感觉性外在主义而争论不休。参见佛瑞德·德雷斯克《自然化心灵》（剑桥：麻省理工学院出版社，1995年）和迈克尔·泰（Michael Tye）《意识问题》（*Ten Problems of Consciousness*）（剑桥：麻省理工学院出版社，1995年）。

衡，且处于等臂平衡，同时这两个物体的任一个都应当平衡于公斤原器（我指的是存放于法国某地的一个物体）。或者选用你喜欢的概念，这就是“2千克”的语言学意义，然而这个挑选出的拥有2千克质量的属性就是一个物质形体的内在属性。

为什么我认为感受性的功能化行不通但同时对意向性持开明的态度？显然，我不能在这里为此展开讨论，我根本没什么新的内容要说。注意，我对感受性的功能主义说明的怀疑大体上基于著名的、没有争议的感受性倒置论证和熟悉的认识论研究。进而，我发现感受性和意向性的意义之间存在着直觉上的差异：假如某些人要求我造出一个有意识的装置，比如会感觉到疼痛、瘙痒等等，要我看，我们做的只有一个事情，那就是做出来一个我们知道或者相信存在意识和具有这些感觉能力的结构，可能是一个类似人或者猫的一个生物有机体。通过理论上推理，我们是不能够设计出这样一个我们可以预测将会有意识的全新类型的结构；我认为我们甚至不知道如何下手，或者
103 如何真正地评估我们的成功。然而，假如我们被要求去设计出这样一个结构，即它能够感知，能够加工、贮存感知接收的信息，能够利用信息做出推论和指引行动，等等，那么我们不必要非得制作一个大家都知道能做这些事情的系统的某个复制品。据我看来，我们可以着手设计具备这样能力的全新类型的结构，——证据表明我们已经在特定的机器人和计算驱动装置上做到了，并且依据我们的理论和装置的具体部件，我们可以预测它将会有能力完成这些任务。显然，正是功能化才使得这里有一个关键的区分。不管怎样，以我看来，假如突现论在某些事

情上是正确的，那么它有可能在感受性上比在其他事情上更为正确。

功能属性与功能概念

现在我们很可能面临以下问题：假如M是一个二阶属性而P是一个一阶属性（或者假如M是一个外在或关系属性而P是一个内在属性，或者假如M是一个因果角色而P是一个角色的占有者），那么M如何能同一于P呢？认为一个属性可能既是一阶属性又是二阶属性，既是外在或关系的又是内在的，即是一个角色又是它的占有者，这难道不是前后矛盾吗？

迄今为止，我们已经是在较为随意地谈论属性、因果角色和它们的占有者，等等。现在是到做些梳理的时候了。我将马上勾画一种处理它的方法。首先，我们要明确认识到：通过一个给定属性区域的存在量化，我们不会真正地建立一套新*属性*。这应当是完全不可思议的，特别是如果我们采纳不同属性必定表征不同因果能力这样貌似合理的观点。仅通过单纯符号逻辑操作，我们不可能改变我们的本体论——我们不能减少或者扩充我们的本体论。对于某物有二阶属性M来说就是它有某些一阶属性或者满足规制的其他属性。比如，假定有三个这样的一阶属性P_1，P_2，和P_3。对于某物有M就是说它有P_1或者P_2或者P_3。这里就有一个关于对象有三个一阶属性中的一个或者另一个的 104
析取命题或事实；这完全相当于它有属性M的事实。这里不需要认为M就其自身来讲是作为一个属性的——甚至不能作为一

个带有选言肢P_S的析取属性。如同依靠个体量化我们不能创造出新个体，依靠属性量化我们也不能创造出新属性。[1]某人杀害了琼斯，凶手是史密斯或者琼斯或者王某。除史密斯、琼斯和王某之外，没有人杀害琼斯，假设一个史密斯-或琼斯-或王某的这样析取人是荒谬的，用它不能甄别出凶手。这同样适用于二阶属性和它们的实现者。

因此，谈论二阶属性描述（*descriptions*）或指示符（*designators*）或者二阶概念要比谈论二阶属性引起误解会更少一些。当我们不能或者不愿意用规范的一阶指示符用法来命名我们所关注的属性时，二阶指示符就派上了用场。因此我们说“拥有某些属性或其他属性P使得……P……”代替命名所有满足规制条件的具体属性。当我们处理个体的时候，情况大致一样：我们说“我在昨日的招待会上与民主党议员握手”以代替“我和克莱本·佩尔或者特德·肯尼或帕特里克·莫伊纳汉或者等等人握手”的说法。（不久你会说完所有的名字，或者你可能甚至一个也不知道）当然，二阶指示符也承载有价值的、在一个给定语境下不可或缺的信息，而这是一阶实现者的规范指示符所无法传达的。我们传达的是我们正在谈论的某人是一个民主党议员的信息，而不是说在那些在新港拥有一座官邸或者在科德角有一个家室的人。当我们使用具有功能描述的疼痛（也是“疼痛”功能主义）时，我们是让其他人知道我们指的是具有输入—输入属性的一个状态；它的实现者的一个神经描述，即使是手边

1　你可能还记得在《爱丽丝奇遇记》中基于这样错误而酿成的逻辑笑话。

唯一可用的，在大多数通常语境下也是无用和不相关的。从一般认识论和实践的观点来看，运用二阶属性指示符可能无法避 105
免，我们应当认识到这些指示符给主要用于描述和交流目的方法引入了一套归类一阶属性的有用的、实践上无法替代的概念。在建构科学理论时，我们希望我们完美理论中的概念能挑选出或者吻合于世界的真正属性。就目前的看法，由二阶指示符所引入的概念析取式地挑选出一阶属性。当我说x有属性M时，其中"M"是一个二阶指示符（你坚持称属性也可以），此命题的"真理制造者（truthmaker）"是这样的事实或者事态：x有P_1或P_2或P_3，其中Ps是M的实现者。（这里的"或"是句子析取，不是谓词析取；它不是把析取谓词看作语义值而应用于析取属性）假定在这样的特殊例子中，x因为拥有P_2而有M，这时，"x有M"的最终真理制造者就是x有P_2的事实。事实上，除了x有P_2的事实，根本没有x有P的事实。

所以，我在这里提倡属性的"稀疏"观（"sparse" conception）以区别于"宽容"或者"充裕"观（the "latitudinarian" or "abundant" conception）。后者最极端的形式就是把每个谓词视为指示或表征一个属性，把同义或逻辑等同作为两谓词指示相同属性的条件。就这个属性状态的概念，二阶谓词应当确实表征不同于一个实现者的属性。假如有人坚持这样的话，我们应当不会反对这些二阶属性，只要我们搞清楚所提到属性的充裕概念。尽管我不会在这点上过分讨论，但是我相信这是再清楚不过的：适于当前语境的属性概念是稀疏概念。事实上，当前围绕心身问题和心理因果性的争论潜在预设了这种方案的一个特别强硬版本，即属性不同

必然反映出因果力不同。[1]假如同义是属性等同的条件，我们应当
106 放弃从前的还原论观点——在当时，分析行为主义被普遍认为是失败的。在心身问题讨论中，现在被争议的问题很少能借助自由概念而得以理解（例如，心理因果性问题就不考虑**心理概念**的因果有效性）。

让我们简要总结一下本讲的观点。一个真正的解释还原是不能满足于那个被认为还原推导无需解释的前提，即桥接定律。因为确实存在一些需要解释的东西。满足解释要求一个方法就是把桥接定律提到同一的地位，而要做到这一点，只需被还原属性能够建构或重建为在还原基础属性上定义的因果／功能属性、二阶属性。作为一个较为简洁的本体／概念前景，我们可以想也可能应该完全放弃谈论二阶属性，代之以属性二阶指示符或者二阶概念。[2]

再论多样实现

迄今为止的讨论都假定针对功能还原的目标属性M有一个单个实现者。现在让我们看看我们如何处理有更多实在的例子，即M有多种实现者，如P_1和P_2。假如存在一个无限多的实现者，那么这种情形在重要方式上没有什么变化。

让我们首先假定我们是认真地把M作为一个属性。我相信

1 参见如福多《心理语义学》（剑桥：麻省理工学院出版社，1987年）。

2 此外，我必须在提出的方案中先把处理可多样实现的问题放到一边。我如何进行这一工作，可参见我的《心理因果性附言》，收入《随附性与心灵》一书。

这可以做到，只要我们愿意把M作为一个析取属性$P_1 \vee P_2$，但是存在有力的理由去拒绝这类析取属性。那么其结果将是，我们处在丧失M作为一个属性的危险，我们将不得不学会没有这个属性的生活。

首先，假如M是拥有一个满足某个特别制定的属性并且P_1和P_2是所有且仅有满足这个规制的属性，那么拥有M就只是拥有P_1或P_2似乎就是再明显和平常不过了，没有其他方法拥有M。 107

（1）拥有M＝拥有P_1或P_2

但（1）并不能推出下面的（2），把二者说成相同的则明显过于轻率：

（2）属性M＝析取属性$P_1 \vee P_2$

按照我们前面的理解，原因很简单：在（1）中的"或"是句子析取。这样，（2）所说就是某物有M的事实等于某物有P_1或P_2的事实；它不能说拥有M的某物事实就归于一个析取属性$P_1 \vee P_2$。在这点上，没有理由认为这样的属性是以析取谓词"有$P_1 \vee P_2$"的语义值存在。也没有理由认为我们有或者需要一个析取作为一个谓词构成工具。大多数认为，这个明显析取谓词的"或"似乎可以极其恰切地理解为缩写的句子析取，这个"球是红色或白色的"就是"这个球是红色的或这个球是白色的"缩写，并且正如"她吃了一个汉堡包或热狗"句子不需要析取快餐一样，类似这样句子的语义不需要像存在红色∨白色属性一样的析取属性。

但是为什么我们不该采用析取属性来帮助自己呢？假如M只有作为一个析取属性才能有出路，可能这是承认析取属性最好的理由。我将不在这里重述为人熟知的反对析取属性的普遍化论证。[1]就这些普遍化论证的过程来看是精彩的，但我认为它们论证得还不够深入，而且它们过分依赖于在意义上常常并不完全明确的直觉判断。相反，我将提出一些反对析取属性的看法，它们更为直接适合于目前的讨论。

首先，我们研究因果／解释语境下的析取属性。假设一个特定医学症状是由两个完全不同的病理条件引起的。例如，风湿性关节炎和狼疮都会引起关节疼痛（我听说过的大致如此）。假定玛丽关节疼痛，检测表明她要么是狼疮要么是风湿性关
108 节炎，但我们不知道是哪一个。试看一下“演绎—律则论证”（“亨普尔式”解释）：

风湿性关节炎引起关节疼痛；
狼疮引起关节疼痛；
玛丽或者有风湿性关节炎或者有狼疮；
因而玛丽关节疼痛。

这里我们能否解释玛丽关节经验的疼痛？我们知道是什么引起她的疼痛吗？我认为存在一个完全清晰、明了的感觉，即我们到目前为止还没有一个解释：我们有的只是一个*两个解释的析取*，而不是*单个析取解释*。我的意思是：我们有两个可能解释，我们知道一个或者另一个是正确的，但不知道哪个是。

1　参见，阿姆斯特朗：《一种共相理论》第2卷（剑桥：剑桥大学出版社，1978年）第14章。

我提出，我们要的解释不是一个具有风湿性关节炎或狼疮的“析取原因”的解释。[1]没有这样的“析取疾病”。

在这一点上，你可能如下反驳：有多种类型的狼疮（据我所知，红斑狼疮和普通狼疮是完全不同的类型），因此我的观点可能被说成狼疮的亚类型，亚亚类型，等等，以至无穷。我的回答是：假如红斑狼疮和普遍狼疮确实是不同的疾病，我的观点也应当适用狼疮。但是这不意味着它能无限地重复，这并不是一个疾病的所有亚类型产生不同的疾病（例如，失业男性和失业女性公务员的关节炎不是不同疾病）。我的观点不是依赖于存在着疾病的一个绝对的、独立语境的分类方案。关键在于：无论根据一定语境中可行的分类方案哪一种，这个方案中的疾病析取将不会自动地视为那种背景下的疾病，通常也不会这样做。

这个观点与我在其他地方[2]所主张的一个观点有关，后者的大意是：异类属性的析取不能是**投射律则属性**（*projectible nomic properties*）。我将简要地概述一下这个论证：假设我们想 109
证实“析取定律”：

（D）要么是风湿性关节炎或狼疮的病人关节感到疼痛

而且也积累了无数（比如，一百万个）的肯定例证，也就是说，有很多患一种或其他种疾病并且关节疼痛的人，完全没

1 所以，这是一类迄今无人注意的解释D-N模型的反例。D-N模型被认为解释的标准公式，例如卡尔·G. 亨佩尔（Carl G. Hempel）和保罗·奥本海默。参见他们的《解释逻辑的研究》（Studies in the Logic of Explanation），收录于亨佩尔的《科学解释的方面》（*Aspects of Scientific Explanation*）（纽约：自由出版社，1965年）。

2 更多内容可参见我的《多样可实现性与还原形而上学》，收录在《随附性与心灵》。

有其他否定的病例。这些观察能确证假定的定律吗？不必然。因为可以设想，证据表明我们检查过所有的数百万病例毫无例外地患有风湿性关节炎，没有人患有狼疮。如果证明确实如此，我们将不会也应当不会把公认的析取定律作为证实定律。事实上，这个“定律”逻辑上等于下面两个定律的合取：

患有关节炎的病人感到关节疼痛；
患有狼疮的病人感到关节疼痛；

我们的观察样本与关于狼疮和关节疼痛的定律无关。假如我们的数据证实析取定律，它们也应当证实第二个定律，即第二个定律逻辑蕴涵于析取定律。由此，这个所说的定律的析取先行词不能是投射的，不应当视为一个律则类。我们在（D）中的东西考虑为两个定律的合取是妥当的，而不是带有一个析取先行词的一个单独定律。这些思考表明在例如**一个可投射律则类的存在**、**一个事件类的存在**与**有资格作为一个原因的存在**（即可引用为**某个因果解释中的一个原因的存在**）这些思想之间存在紧密的联系。

因而，假如我们坚持把拥有M作为一个析取属性，我们可能以一个大多无用的属性而告终。当它不是一个可以在定律中出现的可投射的类并且不能用于因果解释时，把它作为一个属性有什么用呢？此外，还有一个相关的深入问题要考虑：按照
110 假设，P_1和P_2是异质的类，并且假设异质性将意味着某种重要东西，那么它必定意味的是因果／律则异质性。现在，M的任何例示必定要么是P_1-例示要么是P_2-例示，这意味M例示将不会

表明因果／律则同质性的类是我们期望的一个科学的类。总之，多样实现属性是因果和律则异质类，这实际上是原因的归纳不可投射性和不适合性的起因。[1]

我相信，这些强化此类情况的反思会较早避开功能属性的谈论而代之以功能概念和表述。借给讨论安眠性和类似属性的统一是概念统一，而不是某些潜在属性统一。作为属性，安眠性是异质和析取的，它缺乏某类我们在创立定律和解释时所需要的类和属性的因果同质性和可投射性。但是通过归类那些在特定研究背景下引起我们兴趣的共同特征的属性，安眠性可能在概念和认识需要上发挥重要作用。

如此一来，这将让我们置还原和还原论于何地呢？让我们把M作为一个心理属性（或者还原研究中的其他属性），并让我们猜想当功能还原模式被应用到M（以及它的同类者）时，我们应当如何看待这种情形。一个M的功能还原需要功能化M；让我们设想这已经完成了。我们也可以设想M在不同的物种和结构中有多种物理实现，并且在不同的可能世界中有不同实现者。还原就在于把M等同于所研究物种和结构相关的（也与参照世界相关的）的实现者P_i。这样，M就是物种1中的P_1、物种2中P_2、……。假定每个M的例示恰有它的那个场合下的实现者的因果力（“因果继承原则”），那么根据实现者P_1例示是由P_1完成的，其他M例示同样是由它们实现者完成的，所有因果／解释

1 某些反对析取方法的深入有趣研究可参见路易丝·安托尼和约瑟夫·列文《具有自主性的还原》（Reduction with Autonomy），载《哲学展望》11期，1977年，第83-105页。

工作就由出现的M例示完成了。事实上，每个M例示就是一个P_1
111 或者P_2或者……的例示，其中P_S是M的实现者。这区别于借助桥接定律的内格尔还原，在后者那里M只是律则关联于物种 1 的P_1但保持与之区别，对于P_2等等也是如此。

按照这种方式，多样实现属性被分割成它们在不同物种和结构以及不同可能世界的各种实现者。对于那些死死认定它们本身是统一而牢固的属性的人来说，这无疑会让他们大失所望。但我相信，我们已经得出的结论是不可避免的，只要我们接受因果继承性原则，就会真诚地相信多样实现性。[1]

在结束本节之前，让我们简单地思考一下在多样实现性范围内功能主义还原是如何回答解释问题的。你可能会记得，我们发现内格尔还原达不到解释还原，主要是它无法解释桥接定律，即无法解释为什么M出现使得P就出现，这里M⟷P就是一个桥接定律。当我根据功能还原解决这个问题时，我是说，假如P是M唯一实现者，那么M到P的功能还原导致了M同一于P，从而解决了解释问题。现在如果M有不同的实现者，比如P_1和P_2，情形自然就大不相同了，因为M要么同一于P_1要么同一P_2是不可能的。我们在承认析取属性$P_1 \vee P_2$同一于M时发现了一些缺陷。我也主张，M应当被视为一个概念，而不是世界的一个属性；然而这只

1 这种情况会得到进一步加强，只要我们再假定科学中的类和属性必须按照因果力而被个体化，这是一个在讨论问题中经常假定的原理。例如可参见悉尼·休梅克《因果性与属性》，载《同一、因果与心灵》（剑桥：剑桥大学出版社，1984年）；杰瑞·福多《心理语义学》；我的《多样可实现性与还原形而上学》，载《随附性与心灵》。但是这个附加的假定是不必要的。

是回避问题——我们需要更为直接的回答。因此，假如我们将承认具有多样实现者P_1和P_2的M是一个属性，那么我们对解释问题应当说些什么？我相信，由M和P_1（或P_2）关系所引出的各种解释问题有十分满意的答案。为什么一系统s在t时例示M？因为它是t时例示的P_1，而P_1是在类系统S中M的一个实现者——也就是说，拥有M就是被定义为拥有具有因果规定H的某些属性和在类似s的系统中P_1满足规制H。为什么这些系统无论何时例示P_1它们 112
均例示M而非M^*呢？因为在这些系统中，P_1是M而非M^*的一个实现者。等等。让我感到欣慰的是有这样的满意答案，而且功能还原在回答解释问题时没有必要遵从通常的属性同一。

再论随附性论证

大家可能还记得，在第三节中我没有给出普遍化论证最终的解决办法。重新回顾一下，普遍化论证试图表明心理因果性问题是没有什么值得担心的，因为同样的考虑对于所有具体科学属性不仅心理属性而言都会引起完全类似的问题。这个观点中尚未解决的部分是：在第二节中，我试着提出了一个来自于心身随附性信条即随附性论证的心理因果性问题。我需要对此观点进行答复，其反驳如下：随附性论证似乎只探讨心身随附性的事实或假设，而这与心理或者物理的某些具体特征是无关的。现在试考虑具体科学属性如生物、化学属性：它们也随附于基本物理属性——事实上，我们有更有力的理由相信是这些属性的随附性而不是心理属性的随附性。（毕竟，在感受性是否随附于物理的问题上争执不休）但是，生物因果性或化学因果性即涉及生物或化学属性的因果关系似乎不存在什么特别的问题；因而X对物理属性的随附性不能产生关于X因果有效性的困难，显然这也适用于心理属性。这是普遍化论证的核心，也是某种仍需处理的问题。

我将用稍微间接的方式研究这个问题。首先，我们考察一个物理属性的思想，即什么使得一个属性成为物理属性。提
113 出这个问题，我并不是在寻找一个定义或者一个普遍标准。我关注的问题颇类似这样：假定我们的基本物理学所描述的日常属性和量度都是物理属性，还有什么其他属性会被认为属于物理域呢？当在心身问题的讨论中谈及物理属性时，我们在标准意义上把物理属性中化学、生物和神经属性作为物理域内的部分。如果没有什么可作为物理的和什么可作为非物理的一般标准，我们能给出这种实际操作的一些原则基础吗？当我们谈及物理域内因果闭合时，到底是什么包含在物理域内，为什么？我们假定基础物理学的属性是在这个域内，但此外还有什么能进入？为什么？

在反还原主义哲学家中间，特别是那些利用普遍化论证来回避心理因果性问题的人有这样一个倾向：他们过分狭隘地、没有充分根据地解释物理域。可能是标准的微观-宏观分层模型促成了这种观念，即因果闭合物理域只包括基本粒子和它们的属性与关系。但这是无根据的假设。从直观上看，物理域必定也包含基本粒子集合体、集合体的集合体，等等，以至无穷；原子、分子、细胞、桌子、计算机、生物有机体和其他东西

必定无一例外是物理域的一部分。那么属性又是怎样呢？除了基本粒子的属性和关系之处，什么属性可被同意进入到物理域内——也就是，可视为物理域的属性？显然，一千克质量应当被认同，尽管基本粒子没有这样属性，基本粒子的集合体可以有这个属性，很明显这是一个物理属性。

但是为什么拥有一个一千克质量是一个物理属性呢？可能问这个问题有点无聊，但存在一个颇具建设性的回答：因为它是一个由物理属性和关系构成的微观基础属性。我们可以认为这个属性是这样一种存在属性，即由专有部分a_i构成、每个部分 114
都有一个质量m_i、所有ms相加等于一千克的存在属性。似乎可以适当地假定，形成微观基础属性的物理域是闭合的：假设P是一个拥有部分a_1、…、a_n的微观基础属性使得P_1（a_1）、…、P_n（a_n），和R（a_1，…，a_n），倘若P_1、…、P_2和R是物理属性（和关系），每个a_i是一个基本粒子或者一个基本粒子的集合体，那么P就是一个物理属性。

据此理解，一个水分子存在就是一个物理属性，水分子构成的存在（也就是，作为水的存在）也是一个物理属性。重要的是，这些微观基础属性被视为物理的，否则物理域将不会是因果闭合的。拥有一千克质量具有较小质量所没有的因果力，水分子或者作为水存在的属性具有单个的氧原子和氢原子所没有的因果力。

有没有允许进入的其他属性呢？试考虑一下二阶属性。鉴于迄今为止我们讨论的是二阶属性和它们的实现者，它似乎完全适合于视为限定物理属性上的任何二阶属性。因此，假定D

是一组物理属性，通过存在量化即根据“拥有某些D内属性P的属性使得H（P）”样式而其中“H”是表述D成员的一个条件，任何限定在D上的属性也是一个物理属性。可能有待进一步说明的是条件H被表述的词汇，但我们可以设定因果和律则概念属于可接受的词汇。[1]假定如此，物理属性上的功能属性就视作物理的。此前，我建议我们放弃谈论二阶属性而代之以二阶属性指示符。假如这个建议被接纳，二阶属性的闭合条件可能会被适当地改写，从而适用于属性指示符——就是视作一个物理属性指示符。

因此，我们有三个物理域内闭合条件：首先，任何物理实在
115 聚合的实在都是物理的；其次，根据物理域内的实在和属性，微观基础属性形成的任何属性都是物理的；第三，限定在物理属性之上的一个二阶属性的任何属性都是物理的。还有其他闭合条件吗？我不能确定。合取属性，如果我们有意承认它们，它可能被处理成微观基础属性的一个具体例子（假如我们放弃这个条件，即微观基础属性的构成必定是特有构成）：拥有P&Q的属性是部分a_1和a_2构成的存在属性，其中$a_1=a_2$，使得a_1是P和a_2是Q。[2]但是析取和互补（否定）仍不在其中；当我们看待析取属性时，这些操作会产生许多复杂问题，出于当前目的我们无需深究。

我们有足够的知识接受化学属性。所谓的倾向性属性（dispositional properties）似乎要么作为二阶属要么作为微观基

1 有人可能主张界定H的词汇是一个概念问题，而不是关于属性的问题。

2 我似乎记得阿姆斯特朗提到这点。

础属性。假如透明性被作为光线穿过而没有弯曲的属性，它就可视作一个二阶功能属性。假如透明性同一于某些微观结构，它就有资格成为微观基础属性。类似如水溶解性、延展性、导热性、易燃性等类似属性也同样可以这样说。生物属性会怎样呢？无需细说，我认为它们的表现类似化学属性：根据物理属性的两个闭合规则的一个或者另外一个，它们是有资格称为物理的。一个细胞的存在可能是一个微观基础属性；一个心脏的存在可能是一个二阶功能属性（例如，一个心脏的存在可以合理称为一个具有泵血的器官或装置），一个作为人类心脏的一类物理或生物结构可能是一个微观基础属性。通常，微观基础属性和功能属性的区别可能没有那么显著或绝对；例如，确实可能存在微观基础属性，它们的构成属性是功能属性。

据我们先前所了解的（第二章），作为二阶属性的功能属性并没有赋予世界新的因果力：它们没有超出它们一阶实现者的 116
因果力之外的因果力。按照因果继承原则[1]，一个二阶属性的某个例示的因果力同一于在一定场合例示的一阶实现者（或者它的子集）因果力。这意味着二阶属性表征异类因果力，但没有一个因果力超出已经被限定在我们区域上的一阶属性的因果力。所以，功能属性的因果力没有特别的问题。假如任何心理属性证明是功能属性，它们的因果角色也没有特别问题。这完美地适合我们已经主张的还原模式：还原本质上是功能化，如果心理的还原物理的，我们应当认为它的因果力没有特别问题。就

1　见第二章末尾。

我们看来，心理属性的功能化能使它们避免随附性论证。按照这里主张的观点，功能心理属性由于它们的多样实现性证明是因果异类的，但没有证明是因果无效的。这就解决了功能化心理属性的因果有效性问题。当我们试着给出因果力解释时，正是这些拒斥功能化的心理属性才使得解释出现了困难。只要我们认为可能存在非功能化的心理属性，例如感受性，它虽然随附于物理属性，我们仍要面对心理因果性问题。

微观基础物理属性的因果力又是怎样呢？根据它们的结构，这些属性是随附于更为基本、低层的物理属性和关系的构形。假如我们设想属性首先是依据因果力而个体化，我们必须也要以相同方式考虑它们被随附的因果力。但局部随附性不是因果力局部还原到它们部分的因果力：随附属性P的因果力可能由被作为某种微观基础属性出现在P的构成中的属性P_1、……、P_n和关系R
117 的因果力所固定或者决定的，但它们不需要也不可能同一于这些构成属性和关系的因果力。在决定和同一之间存在着一个不同的世界。[1]此外，我们必须要从解释力（*explain-ability*）上对决定和同一两者做出区分。有可能的是，一个微观基础属性可以由它的具体微观构成决定的，但我们不可能解释——事实上也不可能存在这样的解释——为什么这样一个微观构成的属性应当恰好有这些因果力。至于宏观属性可能是突现的将是另外一个方面。进一步讲，事实上我们能用微观结构解释为什么一个微观基础属性有

1 也是在决定和解释之间。据我们在还原讨论中所知，突现论将承认突现属性是由基本条件所决定的，但是否认基本条件能解释这些突现属性从中出现的原因。

一组特定因果力，但这并不意味着这些因果力同一于它微观构成的因果力。微观还原解释的因果力可能是世界因果结构新的因果力、新增的用户。这没有一个和物理主义基本要义相冲突的。物理主义不需要也不应当同一于微观物理主义。

这表明微观基础属性的实例在根本上和随附心理属性实例不能同日而语。在后者的实例中，物理基本属性可能是特定的神经生物属性，它们和心理属性处于同一层次：它们同时为人类和其他意识生物所具有。下面是产生心理因果性问题的一部分：为我具有的一个心理属性的因果角色威胁到也是我具有的另外属性如一个神经属性的因果角色的优先性。我的因果力似乎不但可根据而且也可作为我的神经 / 生物 / 物理属性的因果力得到充分解释。

这类困难不是源于与它们构成属性相关的微观基础属性，因为前者不是以个体或者作为一个整体随附于后者的。确切来说，它们随附于那些有关的微观属性的具体局部构形——这是因为一个相当明显和令人不感兴趣的原因：它们是同一于这些 118
微观构形。现在有一个令人感兴趣的问题，是不是某个特定的微观基础属性的因果力能够根据它的微观构成的因果力和它们构形方式进行推断或者预测。这是早先间接提到的解释性问题的另一个方面，它紧密关联于属性突现的争论。还有更多的微观基础属性、它们因果力和关于它们在科学理论中地位等内容要说，但我们必须跳过去。[1]

1　这些观点某些详细内容参见我的《理解突现》，即将出版。

由此可以看出，我们必须承认较高层次上的微观基础属性的新因果力——之所以说它新，在于这些因果力并不能为构成它们的任何低层属性所具有。据我们所知，随附性论证不适用于它们，它们的因果角色没有受到随附性论证的威胁。

所有这些表明，随附性论证应当只能延及到那些非心理属性，即便这些非心理属性随附于其他属性（在同一层次上）并且同时拒斥依据它们基础属性而进行的功能化。如此来看，此论证不适用于微观基础属性。根据我的看法，假如我们把功能化当作还原，心理因果性问题就延及到了不能还原为基础属性的随附属性。

选择：好消息和坏消息

这让我们进退两难。假如我们准备致力于所有心理属性的某种功能化，我们将投入到关于心理的一个无所不包的（all-encompassing）还原论，这将解决了心理因果性问题。这是好消息。然而，就这种类型还原论的立场来看，心理属性的因果力被证明仅是它们物理实现者的因果力，心理属性并没有给这个世界带来新的因果力。许多人将认为这是一个坏消息。但真正的坏消息则是某些心理属性特别是意识经验的现象属性似乎拒绝功能化，这
119 意味着在一个物理主义框架内毫无办法说明它们的因果有效性。这些属性不能克服随附性论证。

假如我们坚持对至少是限定的一组心理属性功能化，那么我们就面临两难选择：如果你愿意接受物理主义（至少考虑到

物理因果闭合的范围)，你就选择了第一条路；如果你决定摒弃物理主义而代之以严肃的二元论(你将至少需要抛弃心身随附性，可能不得不把实体二元论作为一个严肃的选择)，你就选择了第二条路。回归到物理主义门下，如果接受物理主义，你也有另外一个选择：要么保留随附性的然而是非还原的心理属性(也可以说非功能化的)，比如感觉性，但是承认它们是因果无效的；要么你坚持心理取消论，否认这些非还原属性的实在。无论你抛弃哪一点——这都是坏消息。

坏消息不只一个：在取消论和副现象论两种选择之间实际上没有太多的区别。区分什么是真实的什么不是真实的合理标准是占有因果力。正如塞缪尔·亚历山大(Samuel Alexander)所说，某物"无所事事，漫无目的"——就是说某物没有因果力——"最好有可能和应当毫不犹豫地及时扔掉"。[1]因此，根据亚历山大的何者为真实的标准，取消主义和副现象主义都是一回事，即心理非实在论。但有人可能问：还原论是较好的选择吗？它难道不会导致一种结果即心理由于完全抛到物理域内而没有自己的独特地位？这又可能被作为心理非实在论的一种形式，因此有人可能认为这无法理解去拯救心理因果性却又放弃心理性是某种特别实在。[2]所以一条好消息可能证明正是更坏的消息。所有从物理主义分出的道路可能最终汇合到一点即心理的非实在。这不应当惊慌

1　塞缪尔·亚历山大(Samuel Alexander)：《空间、时间与神性》(*Space, Time, and Deity*)第2卷，伦敦：麦克马林出版社，1920年，第8页。

2　还原物理主义将会说，还原论会把心理性作为物理域内一个特殊部分来加以保留，但是它的特殊性是物理的特殊性，不是某些非物理的特殊性。

120 失措：我们应当记住，作为一个关于所有实在的突出的形而上学学说，物理主义需要付出一个沉重代价。我不知道如何让你相信这一点，但就我看来，无疑保持心理是物理世界的一部分远比副现象主义或者彻底的取消主义要好得多。

无论如何，心身问题的持续争论越来越清晰地集中于强物理主义所无法易于接纳的当代流行的中间路线，如属性二元论、异常一元论和非还原物理主义。我相信，认为一个人可以是一个严肃物理主义者同时又满足于大多事物和现象是非物理的则无异于白日做梦。还原物理主义留给心理的只能是物理的一部分。假如我在这些演讲中所坚持的东西并不是不着边际的，那么这应当是我们从物理主义中期望得到的东西。这也是我们应当自始至终期望的东西。物理主义不会轻而易举就能得到。

然而，由此断定一个彻底的二元论会提供一个拯救心理更为现实的机会将为时过早。对于我们大多数人而言，二元论是一个未知领域，我们对于这个漆黑深洞潜藏的可能性和危险性知之甚少。[1]

1　查默斯和索萨的质疑与评论让我受益匪浅。

参考书目

Alexander, Samuel., *Space, Time, and Deity*, vol. 2. London: Macmillan, 1920.

Antony, Louise., M. "Anomalous Monism and the Problem of Explanatory Force." *Philosophical Review* 98(1989): 153-187.

Antony, Louise., M. "The Inadequacy of Anomalous Monism as a Realist Theory of Mind." In *Language, Mind, and Epistemology*, ed. G. Preyer, F. Siebelt, and A. Ulfig. Dordrecht: Kluwer, 1994.

Antony, Louise M., and Joseph Levine., "Reduction with Autonomy." *Philosophical Perspectives* 11 (1997): 83-105.

Armstrong, David., *A Materialist Theory of Mind*. New York: Humanities Press, 1968.

Armstrong, David., *A Theory of Universals*, vol. 2. Cambridge: Cambridge University Press, 1978.

Baker, Lynne Rudder., "Metaphysics and Mental Causation." In *Mental Causation*, ed. Heil and Mele.

Baker, Lynne Rudder., *Explaining Attitudes*. Cambridge: Cambridge University Press, 1995.

Beckermann, Ansgar., Hans Flohr, and Jaegwon Kim, eds. *Emergence or Reduction*? Berlin: De Gruyter, 1992.

Bieri, Peter., "Trying out Epiphenomenalism." *Erkenntnis* 36 (1992): 283-309.

Block, Ned., "Can the Mind Change the World?" In *Meaning and Method*, ed. George Boolos. Cambridge: Cambridge University Press, 1990.

Block, Ned., "Introduction: What Is Functionalism?" In *Readings in Philosophy of Psychology*, vol. 1, ed. Block. Cambridge: Harvard University Press, 1980.

Block, Ned., "Anti-Reductionism Slaps Back." *Philosophical Perspectives* 11 (1997): 107-132.

Broad, C. D., *The Mind and Its Place in Nature*. London: Routledge and Kegan Paul, 1925.

Burge, Tyler., "Mind-Body Causation and Explanatory Practice." In *Mental Causation*, ed. John Heil and Alfred Mele.

Burge, Tyler., "Individualism and the Mental." *Midwest Studies in Philosophy* 4 (1979): 73-121.

Burge, Tyler., "Philosophy of Language and Mind: 1950-1990." *Philosophical Review* 101 (1992): 3-51.

Causey, Robert., *Unity of Science*. Dordrecht: Reidel, 1977.

Chalmers, David., *The Conscious Mind*. Oxford: Oxford University Press, 1996.

Davidson, Donald., "Mental Events." 1970. Reprinted in Davidson, *Essays on Actions and Events*.

Davidson, Donald., *Essays on Actions and Events*. Oxford: Oxford University Press, 1980.

Davidson, Donald., "Actions, Reasons, and Causes." *Journal of Philosophy* 60 (1963). Reprinted in *Essays on Actions and Events*.

Davidson, Donald., "The Individuation of Events." Reprinted in *Essays on Actions and Events*.

Davidson, Donald., "Psychology as Philosophy." Reprinted in *Essays on Actions and Events*.

Davidson, Donald., "Thinking Causes." In *Mental Causation*, ed. John Heil and Alfred Mele.

Descartes, René., *The Philosophical Writings of Descartes*, vol. 2, ed. John Cottingham, Robert Stoothoff, and Dugald Murdoch. Cambridge: Cambridge University Press, 1985.

Dray, William H., *Laws and Explanations in History*. Oxford: Oxford University Press, 1957.

Dretske, Fred., *Naturalizing the Mind*. Cambridge: MIT Press, 1995.

Endicott, Ronald., "Constructival Plasticity." *Philosophical Studies* 74 (1994): 51-75.

Feigl, Herbert., "The 'Mental' and the 'Physical'." *Minnesota Studies in the Philosophy of Science*, vol. 2, ed. Herbert Feigl, Grover Maxwell, and

Michael Scriven. Minneapolis: University of Minnesota Press, 1958.

Fodor, Jerry A., "Special Sciences, or the Disunity of Science as a Working Hypothesis." *Synthese* 28 (1974): 97-115. Reprinted in *Representations*.

Fodor, Jerry A., "Making Mind Matter More." *Philosophical Topics* 17 (1989): 59-79. Reprinted in *A Theory of Content and Other Essays*. Cambridge: MIT Press, 1990.

Fodor, Jerry A., *Representations*. Cambridge: MIT Press, 1981.

Ginet, Ginet., *On Action*. Cambridge: Cambridge University Press, 1990.

Goldberg, Bruce., "The Correspondence Hypothesis." *Philosophical Review* 77 (1968): 439-454.

Heil, John., *The Nature of True Minds*. Cambridge: Cambridge University Press, 1992.

Hell, John., and Alfred Mele, eds., *Mental Causation*. Oxford: Clarendon, 1993.

Hempel, Carl G., and Paul Oppenheim. "Studies in the Logic of Explanation." Reprinted in Hempel, *Aspects of Scientific Explanation*. New York: Free Press, 1965.

Honderich, Ted., "The Argument for Anomalous Monism." *Analysis* 42 (1982): 59-64.

Horgan, Terence., "From Supervenience to Superdupervenience." *Mind* 102 (1993): 555-586.

Horgan, Terence., "Supervenience and Cosmic Hermeneutics." *Southern Journal of Philosophy* 22 (1984), suppl: 19-38.

Horgan, Terence., "Mental Quausation." *Philosophical Perspectives* 3 (1989): 47-76.

Horgan, Terence., "Supervenient Qualia." *Philosophical Review* 96 (1987): 491-520.

Horgan, Terence., "Kim on Mental Causation and Causal Exclusion." *Philosophical Perspectives* 11 (1997): 165-184.

Horgan, Terence., and Mark Timmons., "Troubles on Moral Twin Earth: Moral Queerness Revisited." *Synthese* 92 (1992): 221-260.

Jackson, Frank, and Philip Pettit., "Functionalism and Broad Content." *Mind* 97 (1988): 381-400.

Jackson, Frank, and Philip Pettit., "Program Explanation: A General Perspective." *Analysis* 50 (1990): 107-117.

Jacob, Pierre., *What Minds Can Do.*, Cambridge: Cambridge University Press, 1997.

Kim, Jaegwon., "Does the Problem of Mental Causation Generalize?" *Proceedings of the Aristotelian Society* 97 (1997): 281-297.

Kim, Jaegwon., "Psychophysical Laws." Reprinted in *Supervenience and Mind.*

Kim, Jaegwon., "What is the Problem of Mental Causation?" *Norms and Structures in Science*, ed. M. L. Dalla Chiara et al. (Dordrecht: Kluwer, 1997).

Kim, Jaegwon., "Concepts of Supervenience." Reprinted in *Supervenience and Mind.*

Kim, Jaegwon., "Mental Causation: What? Me Worry?" *Philosophical Issues* 6 (1995): 123-151.

Kim, Jaegwon., "Epiphenomenal and Supervenient Causation." *Midwest Studies in Philosophy* 9 (1984): 257-270. Reprinted in *Supervenience and Mind.*

Kim, Jaegwon., "Mechanism, Purpose, and Explanatory Exclusion." *Philosophical Perspectives* 3 (1989): 77-108. Reprinted in *Supervenience and Mind.*

Kim, Jaegwon., "Multiple Realization and the Metaphysics of Reduction." Reprinted in *Supervenience and Mind.*

Kim, Jaegwon., "Psychophysical Supervenience." *Philosophical Studies* 41 (1982): 51-70. Reprinted in *Supervenience and Mind.*

Kim, Jaegwon., "Self-Understanding and Rationalizing Explanations." *Philosophia Naturalis* 82 (1984): 309-20.

Kim, Jaegwon., "The Myth of Nonreductive Physicalism." *Proceedings and Addresses of the American Philosophical Association* 63 (1989): 31-47. Reprinted *in Supervenience and Mind.*

Kim, Jaegwon., "The Nonreductivist's Troubles with Mental Causation." In *Supervenience and Mind.*

Kim, Jaegwon., "'Downward Causation' in Emergentism and Nonreductive Physicalism." In *Emergence or Reduction*?, ed. A. Beckermann, H. Flohr, and J. Kim.

Kim, Jaegwon., "'Strong' and 'Global' Supervenience Revisited." Reprinted in *Supervenience and Mind.*

Kim, Jaegwon., "Supervenience as a Philosophical Concept." Reprinted in *Supervenience and Mind.*

Kim, Jaegwon., *Supervenience and Mind.* Cambridge: Cambridge University Press, 1993.

Kim, Jaegwon., *Philosophy of Mind.* Boulder, CO: Westview, 1996.

Kim, Jaegwon., "The Mind-Body Problem after 50 Years." Delivered at the Royal Institute of Philosophy, October, 1996.

Kim, Jaegwon., "The Mind-Body Problem: Taking Stock after 40 Years," *Philosophical Perspectives*, 11 (1997): 185-207.

Kim, Jaegwon., "Making Sense of Emergence." Presented at the 1997 Oberlin Colloquium in Philosophy (forthcoming in *Philosophical Studies*).

Kripke, Saul., *Naming and Necessity*. Cambridge: Harvard University Press, 1980.

LePore, Ernest., and Barry Loewer. "Mind Matters." *Journal of Philosophy* 93 (1987): 630-642.

Levine, Joseph., "On Leaving out What It's Like." In *Consciousness*, ed. Martin Davies and Glyn W. Humphreys. Oxford: Blackwell, 1993.

Lewis, David., "Counterfactual Dependence and Time's Arrow." Reprinted in *Philosophical Papers* II. Oxford: Oxford University Press, 1986.

Lewis, David., "Causal Explanation." In *Philosophical Papers* II. Oxford: Oxford University Press, 1986.

Lewis, David., "Causation." Reprinted in *Philosophical Papers* II.

Louch, A. R., *Explanation and Human Action*. Oxford: Blackwell, 1968.

Lycan, William G., *Consciousness*. Cambridge: IT Press, 1987.

Malcolm, Norman., *Memory and Mind*. Ithaca: Cornell University Press, 1977.

Marr, David. *Vision*., New York: Freeman Press, 1982.

McLaughlin, Brian., "Type Epiphenomenalism, Type Dualism, and the Causal Priority of the Physical." *Philosophical Perspectives* 3 (1989): 109-135.

McLaughlin, Brian., "Varieties of Supervenience." In *Supervenience: New Essays*, ed. E. Savellos and Umit D. Yalcin. Cambridge: Cambridge University Press, 1995.

McLauglin, Brian., "The Rise and Fall of British Emergentism." In *Emergence or Reduction*?, ed. Beckerman, Flohr, and Kim.

Melden, A. I. *Free Action*., London: Routledge and Kegan Paul, 1961.

Morgan, C. Lloyd., *Emergent Evolution*. London: Williams and Norgate, 1923.

Nagel, Ernest., The *Structure of Science*. New York: Harcourt, Brace, 1961.

Oppenheim, Paul, and Hilary Putnam., "Unity of Science as a Working Hypothesis." *Minnesota Studies in the Philosophy of Science*, vol. 2, ed. H. Feigl, G. Maxwell, and M. Scriven. Minneapolis: University of Minnesota Press, 1958.

Place, U. T., "Is Consciousness a Brain Process?" *British Journal of Psychology* 47, Part I (1956): 44-50.

Post, John., The *Faces of Existence*. Ithaca: Cornell University Press, 1987.

Prior, Elizabeth, Robert Pargetter, and Frank Jackson., "Three Theses About Dispositions." *American Philosophical Quarterly* 19 (1982): 251-257.

Putnam, Hilary., "The Meaning of 'Meaning'." In *Philosophical Papers*, vol. 2. Cambridge: Cambridge University Press, 1975.

Putnam, Hilary., "On Properties." In *Philosophical Papers*, vol. 1. Cambridge: Cambridge University Press, 1975.

Putnam, Hilary., "Psychological Predicates." First published in 1968 and later Reprinted under the title "The Nature of Mental States." In Putnam, *Collected Papers* II. Cambridge: Cambridge University Press, 1975.

Putnam, Hilary., "Minds and Machines." In *Dimensions of Mind*, ed. Sydney Hook. New York: New York University Press, 1960.

Putnam, Hilary., *Representation and Reality*. Cambridge: MIT Press, 1988.

Ryle, Gilbert., *The Concept of Mind*. London: Hutchinson and Company, Ltd., 1949.

Salmon, Wesley C., *Scientific Explanation and the Causal Structure of the World*. Princeton: Princeton University Press, 1984.

Savellos, Elias., and Umit Yalcin, eds. *Supervenience: New Esays*. Cambridge: Cambridge University Press, 1995.

Searle, John R., *The Rediscovery of the Mind*. Cambridge: MIT Press, 1992.

Searle, John R., "Consciousness, the Brain and the Connection Principle: A Reply." *Philosophy and Phenomenological Research* 55 (1995): 217-232.

Shoemaker, Sydney., "Some Varieties of Functionalism." Reprinted in *Identity, Cause, and Mind*. Cambridge: Cambridge University Press, 1984.

Shoemaker, Sydney., "Causality and Properties." Reprinted in *Identity, Cause, and Mind*. Cambridge: Cambridge University Press, 1984.

Smart, J. J. C., "Sensations and Brain Processes." *Philosophical Review* 68 (1959): 141-156.

Sosa, Ernest., "Mind-Body Interaction and Supervenient Causation." *Midwest Studies in Philosophy* 9 (1984): 271-281.

Stich, Stephen P., *From Folk Psychology to Cognitive Science.* Cambridge: MIT Press, 1983.

Stich, Stephen P., "Autonomous Psychology and the Belief-Desire Thesis." *The Monist* 61 (1978): 573-591.

Stoutland, Frederick., "Oblique Causation and Reasons for Action." *Synthese* 43 (1980): 351-367.

Tye, Michael., *Ten Problems of Consciousness*. Cambridge: MIT Press, 1995.

Van Gulick, Robert., "Three Bad Arguments for Intentional Property Epiphenomenalism." *Erkenntnis* 36 (1992).

Van Gulick, Robert., "Nonreductive Materialism and the Nature of Intertheoretic Constraint." In *Emergence or Reduction*, ed. Beckermann, Flohr, and Kim.

Varela, Francisco, Evan Thompson, and Eleanor Rosch., *The Embodied Mind*. Cambridge: MIT Press, 1993.

von Wright, G. H., *Explanation and Understanding*. Ithaca: Cornell University Press, 1971.

Wilson, George., *The Intentionality of Human Action*. Stanford: Stanford University Press, 1989.

索　　引

所标页码为原文页码，即本书边码

索　引

N

Q

R

S

附录:《物理世界中的心灵》概述[1]

金在权(布朗大学)

《物理世界中的心灵》表达的主要观点是:任何试图拯救心理因果性的物理主义者必须做好回到物理主义还原论的准备。我已经在各种地方如期刊论文和专著章节中提出了这种观点。在过去大约15年间,我不断思考和反思,并促使我慢慢而坚定地抛弃了松散的、以随附性为基础的非还原物理主义观点,而转变为一个更为严格的物理主义者。在这本小书中,我试图梳理这些思路历程,以给出上面的观点更为集中而统一的论证。在此过程中,我会讨论一些其他相关的观点,例如随附物理主义、实现观点、突现学说和还原模型。同时,我会对解决心理因果性的各类非还原主义做出评论。

---

1 为了便于读者理解本书,译者选译了金在权在《哲学与现象学研究》杂志发表的关于本书的概述(Jaegwon Kim,"Précis of Mind in a Physical World",*Philosophy and Phenomenological Research*,Volume 65,Issue 3,November 2002: pp.640–643)。——译者

对于物理主义者来说，心身问题就是在根本上是物理的世界之中为心灵找到一个位置的问题。那么“根本上是物理的”是什么意思呢？我认为，任何物理主义者将会至少接受以下两个主张。第一，世界只是由物质单元及其物质单元聚合体构成的。这里不存在笛卡尔的灵魂，或者黑格尔的精神，或者是新活力论所谓的“隐德来希（entelechies）”，或者按照突现论者C.劳埃德·莫根（C.Lloyd Morgan）的说法，不存在“陌生流体”进入自然秩序之中。这个本体论命题有时被称为“本体物理主义”（可能“实体物理主义”更为合适）。第二，我们有一个随附性命题：物理事实决定所有事实，某个事物的物理属性决定它所有的属性（这里的“属性”从狭义上可限定于内在属性，从广义上则包括关系或者外在属性）。因此，从这个角度来看，世界看起来就是：所有存在的东西都是物理事物，要么是物质基本单元，要么整个是由物质单元构成的。这些物理事物都有属性。这些属性是什么呢？首先是基本物理属性，像质量、尺寸、形状、电荷等等属性以及借以形成物理学定律的测量值。但是，复杂物理系统的一些属性，像生物组织，似乎先天就是非物理的，至少它们不在物理学或物理科学所研究的属性范围之内。它们中间比较典型的是心理属性如信念、愿望、感觉、情感等。随附性命题认为这样的属性是由系统的物理属性决定的；一旦系统的物理属性固定了，那么就决定了所有的属性。然而属性二元论或非还原物理主义认为，尽管一定的非物理属性决定于物理属性，但它们是不可还原的、独立于物理属性的。虽然思维和疼痛都是由生物体的生物性并且最终由物理化学性决定的，可是它们自身不是生物的或者物理的属性，只有具体自主的心理学或认知科学能够研究它们。

在关于具体科学研究的心理性和其他高层属性的地位问题上，这种观点已经占据主导地位。这些属性尽管是由基本的物理属性所实现和随附的，但是不可还原的、自主的，它们被归入到物理上非还原的因果律和因果解释之中。这给我们提供一个为许多人明显无法拒绝的看待具体科学地位的诱人观点：物理学并不是科学的全部；具体科学并不单纯是对物理学简洁、细致地描述现象的再描述，它们所提供的解释也不只是单纯地掩盖我们对所涉及物理过程的无知而做出的权宜之计。

我相信，任何物理主义者将会也应当接受这个进一步的观点，即物理区域的因果闭合。这个观点可以用不同形式表述，然而它们并不是彼此严格等同的。其中一个形式可以这样表述为：假设一个物理事件在T时出现一个原因，那么在T出现的就是一个物理原因。它的较强形式就是：没有物理事件会存在一个在物理区域之外的原因。

我认为，对于任何人来说这将是非常明显的，即如果接受这些物理主义信条，那么心理性被证明要同时满足（1）它的因果有效性出现在物理世界中然而（2）却不是物理区域的部分，不过这样的前景看来是相当灰暗的。在本书中，我提出不同的考量以使读者相信它确实是灰暗的原因，——事实上，它是完全没有希望的。我的主要论证就是我称为的“随附性论证（the supervenience argument）”，有时也称作“排他性论证（the exclusion argument）”。这个论证要点在于，当我们考虑到主张一个心理事件M是另一事件的原因时，我们看到M的物理随附基础P有充分的资质作为R的一个原因，如此一来，这就威胁到M作为R的一个原因的优先性。追求非还原主义的唯一出路将似乎是要接受M和P中的任何一个都是R的一个充分原因，即使得R被多元决定。我不相信这是物理主义做出的貌似合理的举措（对某物来说，它可能明显违背了物理因果闭合原则），但是非物理主义似乎更愿意接纳它。相比而言，还原论有一个简单的答案：假如M要保持它的因果地位，它必定还原到P——至少M的给定例示必须可还原地同一于那个情境下它的随附或实现基础的例示。

这就涉及我们怎样理解还原的解释问题。我反对标准的内格尔还原模型，按照这种模型，它要求一个形式如“M当且仅当P”的经验“桥接定律”。最著名的两个反还原论论证即普特南-福多论证和戴维森异常一元论，都认为桥接定律的要求是达不到的。我认为内格尔桥接法则对于属性还原既非充分的也非必要的。继内格尔模型之后，我提出功能还原模型（这也不是什么新鲜的提法；其基本思想可以追溯至六十年代的大卫·刘易斯（David Lewis）、大卫·阿姆斯特朗（David Armstrong）和当代哲学家如约瑟夫·列文（Joseph Levine）和大卫·查默斯（David Chalmers）的作品中）。属性功能还原的步骤如下：（1）首先，属性必须通过功能定义为一个二阶的功能属性，而这个定义要依据“因果角色”来得出；（2）我们必须找到它的“实现者”，也就是说，找到由适于功能定义所表示的因果角色的一阶属性；（3）我们必须有一个解释理论，能够解释属性的实现者如何完成因果角色的。（1）是一个概念方法，尽管它可能反思的是许多经验／理论的限定条件；（2）（3）则属于经验科学的研究范围。

我主张功能还原确实是还原，因为它给出了本体上的简单性，并且提供了建立在还原基础之上的被还原现象的解释。我最终的结论是：心理性的功能还原能够用物理术语来确保心理因果性。

假设，心理属性M能够功能还原，M存在的每一个例示还原同一于M的物理实现者之一的例示。这就给出我们一个M例示的还原。但是属性M会怎样呢？M自身能被还原吗？或者M是否“除了”是一个物理或者生物属性之外还有一个无法还原的属性吗？我相信，在M的还原对象中，我们需要考虑的是所有M例示的还原；除此之外便没有明显的哲学问题。然而，假若某人关心的是M的本体论命运问题，就只有两种可能选择。第一种选择是：我们否认存在二阶的属性事物（注：功能属性是被标准解释为一个二阶属性类），但有二阶的谓词、表述和概念。依靠二阶谓词的表述我们不能推导出新属性的存在，我们只是有了便于谈论属性的新方法。这是一个非实在论的、取消主义类型的选择。第二种选择是一个保守的观点（也有人说是保留或者保持的）：把M同一于它实现者的析取项。这个析取将可能同一于许多析取项，但是我不认为这是一个问题。我们自然需要承认这样析取的一个本体，但是无论哪方面在这里我都看不到一个更深刻的问题。就这个方法来说，M将被保持为一个析取属性，即因果和律则上的异质的和非投射性的一个析取属性，然而这并不是一个属性。

那么心理属性是物理可还原的吗？我认为，假如它们将具有因果有效性，无论是物理属性或者心理属性都必定可以还原为物理属性的。但是，对于解决心理因果性问题需要考虑到另外的步骤：我们需要表明心理属性事实上是物理可还原的。我在这里赞成的立场相似于近来许多哲学家的立场：（1）认知或意向心理属性，包括信念、愿望、感觉等都是物理可还原的（通过功能还原）；然而（2）意识经验的感觉质（感受性）不能这样还原。本书对这个主张没有提供根本的新论证。

总之，心理因果性问题要解决认知或意向心理属性。但是，它不是解决意识经验的质或者现象。因而，我们并没有解释感受性质如何能有因果有效性；可能，我们必须学会与感受性的副现象主义相处。但是认知或意向属性的积极成果意味着我们已经拯救了我们作为认知者和自主体（agents）的地位。让我们最为担心的心理因果性问题难道可能让我们丧失认知和动因（agency）吗？最终，我们虽然并不完全清楚，但是我们明白了它的大半部分。

图书在版编目（CIP）数据

物理世界中的心灵 /（美）金在权著；刘明海译. —北京：商务印书馆，2015（2020.5重印）
（心灵与认知文库·原典系列）
ISBN 978-7-100-10174-5

Ⅰ. ①物…　Ⅱ. ①金…　②刘…　Ⅲ. ①哲学—研究
Ⅳ. ①B

中国版本图书馆CIP数据核字（2013）第177142号

心灵与认知文库·原典系列

物理世界中的心灵

——论心身问题与心理因果性

〔美〕金在权　著
刘明海　译
邢起龙　校

商　务　印　书　馆　出　版
（北京王府井大街36号　邮政编码 100710）
商　务　印　书　馆　发　行
北京中科印刷有限公司印刷
ISBN 978-7-100-10174-5

2015 年6月第1版　　开本 880×1230　1/32
2020 年5月北京第2次印刷　　印张 5 5/8

定价：28.00 元